Abwasserrecycling und Regenwassernutzung

Rolf Stiefel

Abwasserrecycling und Regenwassernutzung

Wertstoff- und Energierückgewinnung in der betrieblichen Wasserwirtschaft

Dr. Rolf Stiefel
Lahnstein, Deutschland

ISBN 978-3-658-01039-3 ISBN 978-3-658-01040-9 (eBook)
DOI 10.1007/978-3-658-01040-9

Die Deutsche Nationalbibliothek verzeichnet diese Publikation in der Deutschen Nationalbibliografie; detaillierte bibliografische Daten sind im Internet über http://dnb.d-nb.de abrufbar.

Springer Vieweg

Gedruckt auf säurefreiem und chlorfrei gebleichtem Papier

Springer Vieweg ist eine Marke von Springer DE. Springer DE ist Teil der Fachverlagsgruppe Springer Science+Business Media
www.springer-vieweg.de

Danksagung

Herzlichen Dank an alle Kolleginnen und Kollegen, Agenturen, Ämter, Institutionen, Verbände und Fachfirmen, die mit zahlreichen Informationen einen Beitrag zu meinem Buch lieferten. Die fachliche Unterstützung der Effizienz-Agentur NRW (EFA) sowie der Fachvereinigung Betriebs- und Regenwassernutzung e.V. (fbr) war eine wesentliche Hilfe.

Inhaltsverzeichnis

1 Wasser im Kreislauf

Langfristig unsichere Wasserversorgungsquellen, vor allem in Gebieten außerhalb Mitteleuropas, sowie steigende Anforderungen an die Abwasserbehandlung rücken das Abwasserrecycling von Prozesswässern in den Fokus des Produktions-integrierten Umweltschutzes (kurz PIUS). Mit integrierter Rückgewinnung von Wertstoffen und Energie sowie der Nutzung von Regenwasser als Quelle für Frischwasser zur Deckung von Wasserverlusten (z. B. Verdunstung, Ausschleppung etc.) bietet das Abwasserrecycling für weite Teile der industriellen Produktion eine zukunftssichere Alternative zur herkömmlichen End-of-pipe-Technik in der Abwasserwirtschaft.

Prozesswasser ist ein Kreislaufmittel, das Abwasserrecycling ist der Jungbrunnen für den Kreislauf mit vielen Möglichkeiten der Wertstoff- und Energierückgewinnung, wie im Abb. 1.1 dargestellt. Welche Möglichkeiten diese Technik den Firmen bietet und welche Randbedingungen bei ihrer Einführung beachtet werden sollten, wird an Hand von Hintergrundinformationen, Checklisten und Beispielen aus unterschiedlichen Industriebranchen erläutert. Der Autor stützt sich dabei auf eine Auswahl zahlreicher Veröffentlichungen von Fachfirmen, Behörden, Institutionen und Beratungsagenturen bzw. auf Zitate.

Die Beispiele und Hinweise sollen vor allem mittelständischen Firmen helfen, sich einen Überblick zu schaffen, welche Chancen das Abwasserrecycling der Prozesswässer und die Regenwassernutzung bieten. Weiterhin werden die Energiegewinnung aus den Prozesswässern sowie die Wertstoffrückführung daraus vorgestellt.

Vorab aber schon so viel, ein nachhaltiger Prozesswasserkreislauf sollte folgende Maßnahmen beinhalten:

- Wassersparen in der Produktion
- Mehrfachnutzung der Prozesswässer in der Produktion
- Abwasserrecycling in Teilbereichen oder Gesamtproduktion
- Rückgewinnung von Rohstoffen aus dem Abwasser
- Nutzung der thermische oder stofflichen Energie des Abwassers
- Regenwassernutzung für die Wasserverluste

R. Stiefel, *Abwasserrecycling und Regenwassernutzung*,
DOI 10.1007/978-3-658-01040-9_1, © Springer Fachmedien Wiesbaden 2014

Abb. 1.1 Nachhaltiger Prozesswasserkreislauf mit sicherer Abwasserentsorgung und Frischwasserversorgung sowie integrierter Wertstoff- und Energierückgewinnung

Bei der Frage nach den Zielen eines nachhaltigen Prozesswasserkreislaufes, sind folgende Aspekte zu berücksichtigen, die in der obigen Auflistung zusammengestellt sind.

Ressourceneffizienz und Nachhaltigkeit im Prozesswasserkreislauf stützt sich auf sechs Säulen:

1. Wassersparen in den einzelnen Produktionseinheiten
2. Mehrfachnutzung von Abwässern im Betrieb mit und ohne Aufbereitung
3. Abwasserrecycling, die Aufbereitung von Abwässern und deren Wiederverwendung als Prozesswässer
4. Wertstoffe werden aus dem Abwasser zurückgewinnen und einer Verwertung zuzuführen
5. Organische Wasserinhaltsstoffe ebenso wie das Wärmepotential des Prozesswassers als Energiequellen nutzen
6. Wasserverluste im Prozesswasserkreis durch die Nutzung von Regenwasser kompensieren.

Ressourceneffizienz im Prozesswasserkreislauf beginnt mit dem Wassersparen in der Produktion, setzt sich in der Mehrfachnutzung der Prozesswässer fort und wird ergänzt durch das Abwasserrecycling. Am Ende steht idealer Weise ein geschlossener Kreislauf der Prozesswässer, wobei etwaige Wasserverluste mittels Regenwassernutzung kompensiert werden können. Das Medium Prozesswasser bewegt sich dann im Kreislauf innerhalb eines Betriebes.

Die Nutzung der Abwasserinhaltsstoffe konzentriert sich auf die Rückgewinnung von Rohstoffen aus den Abwässern.

Die energetische Verwertung der Abwässer umfasst sowohl die thermische Nutzung der Energiepotentiale der Abwässer als auch die Nutzung organischer Abwasserinhaltsstoffe mittels anaerober Verfahren für die Biogasgewinnung. In Sonderfällen können organische Stoffe der thermischen Verwertung auch direkt zugeführt werden.

Bestrebungen die betriebliche Wasserwirtschaft in diese Richtung umzustellen, sind zunächst mit Aufwand und Kosten verbunden. Kreislaufführung bietet dafür jedoch langfristig eine Autarkie bei den Prozesswässern, gleichzeitig können die Abwässer als Rohstoffquellen und Energielieferant genutzt werden. Weiterhin bieten sie für die Betriebe Sicherheit bei der Abwasserentsorgung in Bezug auf mögliche verschärfte Anforderungen der Einleitungsbedingungen in Fließgewässer und öffentliche Kläranlagen.

1.1 Wasser nutzen und schützen

In zahlreichen internationalen und nationalen Abkommen, Programmen, Verordnungen und Richtlinien etc. wird seit vielen Jahren auf das lebensnotwendige Schutzgut Wasser hingewiesen und die integrierte Planung und Bewirtschaftung der Wasserressourcen gefordert. **„Jede technische Verwendung von Wasser muss von dem Gedanken des Kreislaufs ausgehen“** (Imhoff und Imhoff 1999).

Wasser intelligent nutzen – nachhaltig schützen, so lautete bereits der Titel einer Broschüre der Deutschen Bundesstiftung Umwelt (DBU) und der Deutschen Vereinigung für Wasserwirtschaft, Abwasser und Abfall e. V. (DWA). Im Vorwort dazu wird ausgeführt „Wasser ist die Grundlage des menschlichen Lebens. In der Natur aber auch in *vielen Bereichen menschlicher Aktivität* kann Wasser der begrenzende Faktor sein, wenn es zum Beispiel um Wüstenbildung und um Zugang zu sauberem Trinkwasser geht. Wasser ist einer der wichtigsten Wirtschaftsfaktoren unserer Industriegesellschaft. Seine Verfügbarkeit entscheidet wesentlich über das Wohlergehen des Einzelnen und von menschlichen Gemeinschaften“. Weiterhin wird in der Broschüre darauf hingewiesen, dass eine nachhaltige Wasserwirtschaft die integrierte Bewirtschaftung aller künstlichen und natürlichen Wasserkreisläufe mit einbezieht, unter Beachtung von drei wesentlichen Zielen:

- „Dem langfristigen Schutz von Wasser als Lebensraum bzw. als zentrales Element von Lebensräumen.
- Der Sicherung von Wasser in seinen verschiedenen Facetten als Ressource für die jetzige wie die nachfolgenden Generationen.
- **Der Erschließung von Optionen für eine dauerhafte naturverträgliche, wirtschaftliche und soziale Entwicklung**.“ (Deutsche Bundesstiftung Umwelt und Deutsche Vereinigung für Wasserwirtschaft, Abwasser und Abfall e. V. 2009)

Das heißt, wir sollen Wasser intelligent nutzen und schützen. In der Agenda 21 als weltweitem Forum ist zum Schutze der Güte und Menge der Süßwasserressourcen unter Teil II Absatz 18 j bis l postuliert:

a. "die Erschließung neuer und alternativer Wasservorkommen beispielsweise durch Meerwasserentsalzung, durch künstliche Grundwasseranreicherung, durch *Nutzung von Wasser minderer Qualität, durch Wiederverwendung von Brauchwasser und durch Kreislaufführung von Wasser*;
b. die Integration von Wassermengen- und Wassergütewirtschaft (einschließlich Oberflächen- und Grundwasservorkommen);
c. die Förderung des Gewässerschutzes durch für alle Nutzer geltende Programme zur rationelleren Wassernutzung und zur Minimierung von Wasserverlusten, darunter auch die Entwicklung wassersparender technischer Einrichtungen".

Für den europäischen Bereich gibt es eine sehr interessante Schrift unter dem Titel „Die Europäische Union vor der Herausforderung Wasserknappheit" (Frerot 2009). In dieser werden die Probleme der europäischen Wasserwirtschaft sowie die Zielsetzungen zu ihrer Sanierung aufgezeigt.

- „Als oberste Priorität ist für die Allgemeinheit der Zugang zu Wasser sicherzustellen, denn Wasser ist ein lebensnotwendiges Gut. Dieses Ziel ist bei weitem noch nicht erreicht, auch nicht in Europa.
- Die zweite Herausforderung ist die Wiederherstellung der Wassergüte. Die Europäische Union hat dafür einen eigenen Ordnungsrahmen erarbeitet: die Wasserrahmenrichtlinie 2004, die das Ziel vorgibt, bis 2015 den guten ökologischen Zustand der Gewässer in Europa wiederherzustellen.
- Die dritte Herausforderung der Wasserpolitik besteht darin, Wasserknappheitsprobleme in Europa zu lösen. Örtliche Wasserverfügbarkeitsprobleme wurzeln im unausgewogenen Verhältnis zwischen Ressourcen und Bedarf. Wasserknappheit unterscheidet sich von Dürre darin, dass der Wasserbedarf strukturell höher ist als die nachhaltig nutzbaren Wasserressourcen. Probleme der Wasserverfügbarkeit sind lokaler, nicht allgemeiner Natur." (Frerot 2009).

Dieses Zitat nennt die beiden Kernaufgaben der Wasserbewirtschaftung. im europäischen Raum:

- Verbesserung der Gewässergüte
- Sicherung eines ausreichenden Wasserangebots

Innerhalb Europas bestehen natürliche Unterschiede beim Wasserdargebot.Für wassernutzende Industriebetriebe stellen sich elementare Fragen bezüglich der Zukunftssicherung ihres Wasserbezuges und der Abwasserentsorgung, die sich in folgende Schlüsselfragen zusammenfassen lassen:

1. Wie gestaltet sich langfristig die Wasserverfügbarkeit in meinem regionalen Umfeld?
2. Welche Anforderungen werden langfristig an die Abwasserentsorgung gestellt?

3. Welche Maßnahmen sichern eine langfristige Wasserversorgung?
4. Welche Maßnahmen garantieren eine sichere Abwasserentsorgung in Zukunft?
5. Welches Konzept zur Wasserbewirtschaftung wird benötigt?
6. Welche Kosten entstehen?

Zur Klärung der Frage, wie eine langfristige Zukunftssicherung z. B. eines mittelständischen Betriebes in Deutschland aussehen könnte, hilft zunächst ein Blick auf die Wassernutzung in Deutschland.

1.2 Wasserressourcen und ihre Nutzung

Das Wasserdargebot ist in Deutschland insgesamt ausreichend. Regional, besonders in Ballungsgebieten, ist der Wasserverbrauch jedoch teilweise größer als das Angebot. Es gibt Gebiete mit Wassermangel und Gebiete mit Wasserüberschuss, was eine Bewirtschaftung der Trinkwasservorräte erfordert. Defizite werden durch Fernleitungen und andere Maßnahmen ausgeglichen, z. B. durch 300 Talsperren zur Trinkwasserversorgung

Das Umweltbundesamt (UBA) führt auf einer Webseite (Umweltbundesamt, Wasserressourcen und ihre Nutzung, Daten zur Umwelt) folgende Sachverhalte für die Wasserbilanz Deutschlands aus:

„Für die Wasserbilanz eines Gebietes muss der gesamte Wasserhaushalt betrachtet werden, der im Wesentlichen durch die Größen Niederschlagshöhe, gebietsbezogene Zu- und Abflussmenge und Verdunstung repräsentiert wird. Aus diesen Daten lassen sich nach unterschiedlichen Berechnungsmodellen, die erneuerbare oder interne Wasserressource und das potentielle Wasserdargebot ermitteln. So gibt z. B. das potentielle Wasserdargebot an, welche Mengen an Grund- und Oberflächenwasser genutzt werden können. Mit einem verfügbaren Wasserdargebot von 188 Mrd. m^3 ist Deutschland ein wasserreiches Land. Dabei wird das Wasserdargebot als langjähriges Mittel über ca. 30 Jahre erhoben (siehe Tab. 1.1 Wasserbilanz für Deutschland).“(Bundesanstalt für Gewässerkunde, Koblenz 2008).

Wer sind die Hauptnutzer und wie gestaltet sich die Wassernutzung insgesamt?

Übertragen auf die entnommenen Wassermengen bedeutet dies eine Aufteilung in folgende Nutzergruppen: Wärmekraftwerke nutzten 2007 ca. 19,7 Mrd. m^3 Wasser aus der Eigenversorgung als Kühlwasser für die öffentliche Energieversorgung

- Als zweitgrößter Wassernutzer entnahmen Bergbau und Verarbeitendes Gewerbe ca. 7,2 Mrd. m^3 für industrielle Zwecke
- Auf die öffentliche Wasserversorgung entfielen 2007 ca. 5,1 Mrd. m^3
- Bei der Betrachtung der Wasserentnahmen ist die landwirtschaftliche Wassernutzung in Deutschland von untergeordneter Bedeutung.

Tab. 1.1 Wasserbilanz für Deutschland aus (Bundesanstalt für Gewässerkunde 2008). (Quelle: Bundesanstalt für Gewässerkunde, Mitteilung vom 21.10.2008, erstellt mit Daten des Deutschen Wetterdienstes und der Wasserwirtschaftsverwaltungen des Bundes und der Länder)

Wasserbilanz für Deutschland In Mrd. m^3											
	Mittelwert 1961–1990	1961–1990[g]	1990	1995	2000	2001	2002	2003	2004	2005	2006
Wasserhaushaltsgrößen[a]											
Niederschlag	307[f]	278	273	309	294	327	359	215	287	261	248
Zufluss von Oberliegern	71	71	57	83	78	84	87	55	61	60	69
Gebietsbürtiger Abfluss vom Bundesgebiet	117	117	82	132	111	109	150	90	64	95	94
Verdunstung	194	165	174	175	177	175	186	175	183	178	176
– *davon Verdunstung aus Wasserverbrauch*	*3,9*	*3,9*	*4,5*	*4,5*	*4,5*	*4,5*	*4,5*	*4,5*	*4,5*	*4,5*	*4,5*
Evapotranspiration	190	161	169	170	172	171	181	171	178	173	171
Wasservorratsänderung[b]			18	3	7	43	22	–50	20	–15	–25
Wasserdargebot[a]											
Potenzielles Wasserdargebot[c]	188	188									
Erneuerbare Wasserressource[d]	188	188	161	222	201	240	265	99	170	148	146
Interne Wasserressource[e]	117	117	104	139	122	156	178	44	109	88	77

[a] Werte gerundet
[b] Niederschlag - gebietsbürtiger Abfluss vom Bundesgebiet – Verdunstung
[c] Differenz der vieljährigen Mittelwerte von Niederschlag und Evapotranspiration
[d] interne Wasserressource + Zufluss von Oberliegern
[e] Niederschlag – Evapotranspiration
[f] Niederschlagstwert korrigiert um systematischen Messfehler
[g] Unter Verwendung nicht korrigierter Niederschlage. Dte Einzeljahre sind in Relation zu diesen Werten zu setzen *kursiv = Schätzwerte*

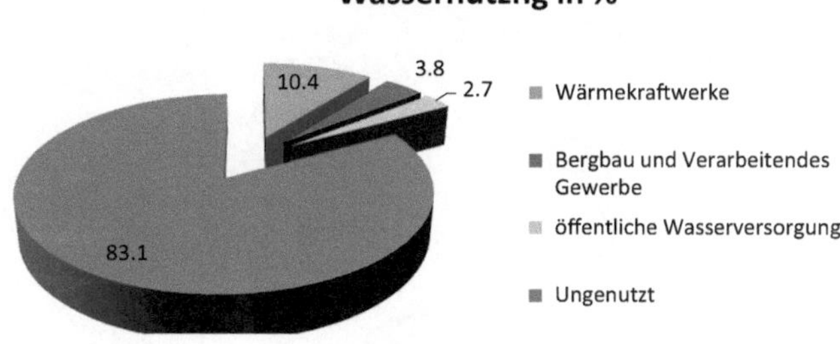

Abb. 1.2 Wasserdargebot und Wassernutzung in Deutschland im Jahre 2007 nach (Bundesanstalt für Gewässerkunde 2006) cit. aus (UBA 2011)

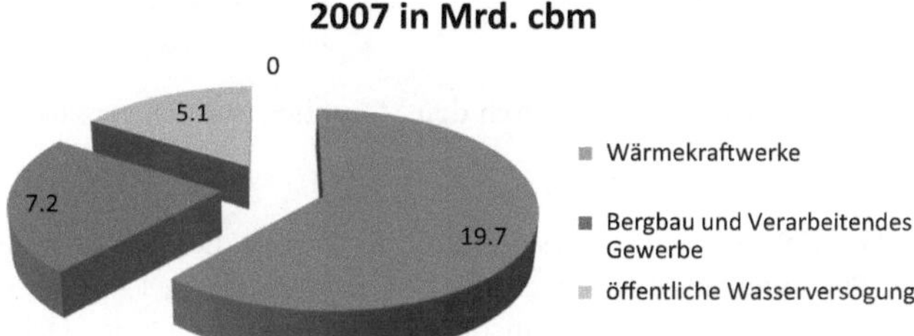

Abb. 1.3 Wassergewinnung in Deutschland im Jahre 2007 nach (Statistisches Bundesamt 2004) cit. aus (UBA 2011)

Abbildung 1.2 verdeutlicht die Wassernutzung in Deutschland in Bezug auf die Wasseranteile. Über 80 % vom Wasserdargebot werden nicht genutzt. Bei der Nutzern ist ein deutliches Übergewicht bei der Wärmekrafterzeugung feststellbar, Bergbau und Verarbeitendes Gewerbe sowie die öffentliche Wasserversorgung sind weitere relevante Wassernutzer. Im Abb. 1.3 werden die Verhältnisse der einzelnen Wassernutzungen in absoluten Wassermengen veranschaulicht. „Die Wasserentnahme ist in allen Sektoren seit Jahren rückläufig, am stärksten wirkt sich jedoch der sinkende Wasserbedarf der Wärmekraftwerke aus" (UBA 2011).

Das Wasserdargebot in Deutschland kann mit regionalen Ausnahmen zum jetzigen Zeitpunkt als ausreichend bzw. gut bezeichnet werden. Wie sieht es in anderen Regionen unserer Welt aus, in Ländern mit hohen Wachstumsraten und stetiger Industrialisierung? Eine Frage, die spätestens aktuell wird, bei Überlegungen einen Zweigbetrieb außerhalb von Mitteleuropa zu erwerben oder zu errichten. Auch hier hilft ein kurzer Blick auf die Prognosen des Wasserdargebotes weltweit.

Die Karte (Abb. 1.4) weist die großen Wassermangelgebiete des 21. Jahrhunderts aus. Mit roter und rosa Schraffur sind Teile der Erde betroffen, in denen die sehr großen und industriell stark aufstrebenden Volkswirtschaften (China, Indien) liegen , aber auch große Flächen Südamerikas, Australiens und Südeuropas sowie weite Teile des Westens der USA und Mexikos. Diese Gebiete leiden unter akutem, zunehmendem Wassermangel. Welche Auswirkungen schon heute die starke Einschränkung des Wasserangebotes haben kann, möge ein Bericht über die Situation in Kalifornien um den Kampf auf den Zugriff des Wassers des legendären Colorado River veranschaulichen.

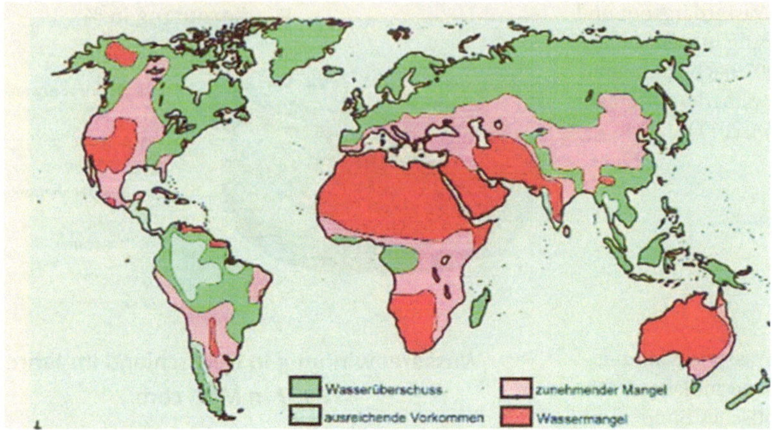

Abb. 1.4 Wassernutzung durch den Menschen (aus Paeger 2012)

> Seit 1993 erreicht praktisch kein Wasser mehr die Mündung des Colorado; eine seit dem Jahr 2000 anhaltende Trockenheit hat den Wasserspiegel in den Stauseen um bis zu 60 % fallen lassen. Dieses gefährdet nicht nur die Feuchtgebiete im Delta; durch die intensive Wassernutzung nimmt auch die Versalzung des Flusswassers zum Unterlauf hin immer weiter zu. Die Versalzung bedroht mittlerweile die Zukunft der Landwirtschaft in Amerikas Westen, die ohnehin durch den Wasserdurst der Städte gefährdet ist. (Paeger 2012)

Aber auch ein Bundesstaat wie Kalifornien, heute die zehntgrößte Volkswirtschaft der Welt und gleichzeitig Gemüsegarten der USA, zeigt enorme Probleme bei der Wasserbeschaffung. Gesetze und Vorschriften sollen dort die Bevölkerung, Landwirtschaft und Industrie zum Wassersparen zwingen (Paeger 2012).

Selbst in England, dem „Mutterland des Regens“ in Europa, ist Wassermangel ein Thema. So weist eine Überschrift „Wassermangel: England verbietet Blumengießen„ (Westdeutsche Zeitung 2010) unverhohlen auf die Probleme hin, das kostbare Nass an allen Orten in ausreichender Menge zur Verfügung zu stellen. Dabei weisen England und Wales immerhin eine durchschnittliche jährliche Niederschlagsmenge von 895 mm auf (Schönbäck et al. 2011), sie ist höher als in Deutschland.

Wasserknappheit und Dürre, so lauten Überschriften in Spanien, Zypern oder der Türkei, die Liste lässt sich beliebig fortsetzen und zeigt den Zustand der Wasserprobleme vieler Länder vor allem in Südeuropa. Die Folgen des Klimawandels fordern eine besonders aufmerksame Bewirtschaftung der Wasservorkommen in diesen Ländern (Europäische Umweltagentur 2012).

Wie die Beispiele und Statistiken erkennen lassen, droht in vielen bevölkerungsreichen Teilen der Erde eine angespannte Situation beim Wasserangebot. Was im Abb. 1.5 durch die Verschlechterung der weltweiten Wasserverfügbarkeit unterstrichen wird.

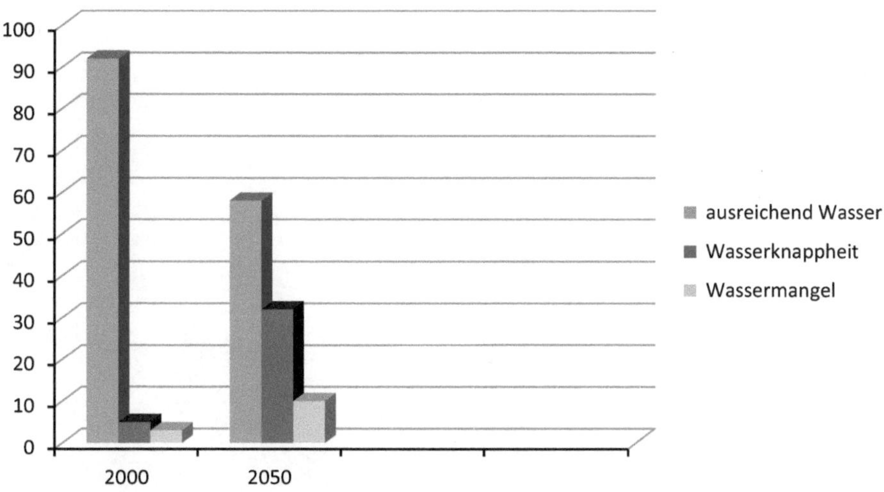

Abb. 1.5 Wasserverfügbarkeit 2000 und 2050 (Prognose) nach (DSW-Deutschland 2013)

Abbildung 1.5 zeigt den Grad der Wasserverfügbarkeit weltweit im Jahre 2000 und in einer Prognose im Jahre 2050. Diese Daten basieren auf der mittleren Variante der UN-Bevölkerungsprojektionen von 1998. (DSW-Deutschland 2013)

In Deutschland insgesamt wird zwar ein ausreichendes Wasserangebot erwartet, temporäre Engpässe kann es jedoch auch in einigen Regionen Deutschlands geben. Solche temporären Engpässe können auch infolge eines sich verändernden Klimas verstärkt werden, wie den Ausführungen das Kompetenzzentrums Klimafolgen und Anpassung (Kompass 2011) zu entnehmen ist.

„Von den möglichen negativen Auswirkungen des Klimawandels sind im Wasserbereich vor allem die erhöhte Hochwassergefahr und die Verringerung des Wasserdargebots (Berechnung aus Niederschlag minus Verdunstung) im Sommer von Bedeutung. Diese Auswirkungen sind das Ergebnis einer bereits zu beobachtenden und in Zukunft verstärkt zu erwartenden Verschiebung der Niederschläge vom Sommer in den Winter sowie einer erhöhten Verdunstung als Folge steigender Temperaturen. Hinzu kommt eine besonders im Winter erhöhte Wahrscheinlichkeit von Starkregenereignissen und Veränderungen in der Schneedeckendauer.

In der Graphik (Abb. 1.6) fällt vor allem die stark negative Tendenz des Wasserdargebots in *Ostdeutschland* und im *Rhein-Main-Gebiet* sowie die deutlich positive Wasserbilanz in den Gebirgen auf. Daraus ergeben sich Szenarien, die vom Kompetenzzentrum Klimafolgen und Anpassung, wie folgt bewertet werden.

- Die Hochwassergefahr steigt in ganz Deutschland vermutlich vor allem in den Winter- und Frühjahrsmonaten. Besonders gefährdet sind der Alpenraum und Gebiete ohne ausreichende Retentionsflächen und/oder mit hoher Bebauungsdichte. Inwieweit auch die Gefahr von Sommerhochwässern steigt, ist noch ungeklärt.

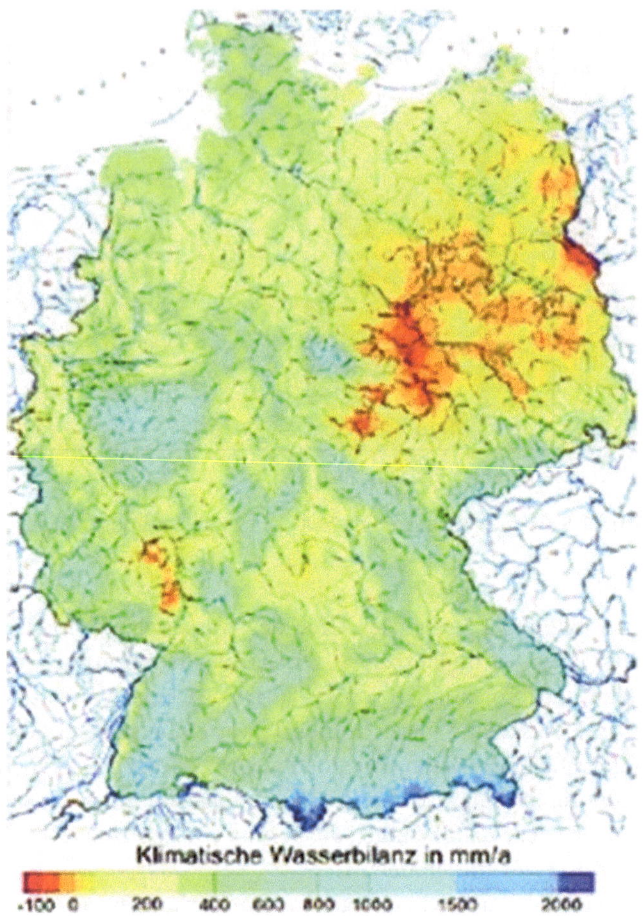

Abb. 1.6 Klimatische Wasserbilanz von Deutschland aus (Hydrologischer Atlas von Deutschland/BfG 2003)

- Der Wasserbedarf in Deutschland schwankt regional sehr stark. Besiedlungs- und Industrialisierungsgrad sind hier die relevanten Faktoren.
- In den Sommermonaten sind vor allem die zentralen und östlichen Gebiete Ostdeutschlands von einem reduzierten Wasserdargebot betroffen. Probleme können hier regional in der Landwirtschaft entstehen.
- Die Grundwasserneubildungsrate leidet unter dem Klimawandel
- Bisher wurden zu wenige Maßnahmen von Seiten der Wasserwirtschaft ergriffen, um diesem Trend entgegenzuwirken“ (Kompetenzzentrum Klimafolgen und Anpassung 2010).

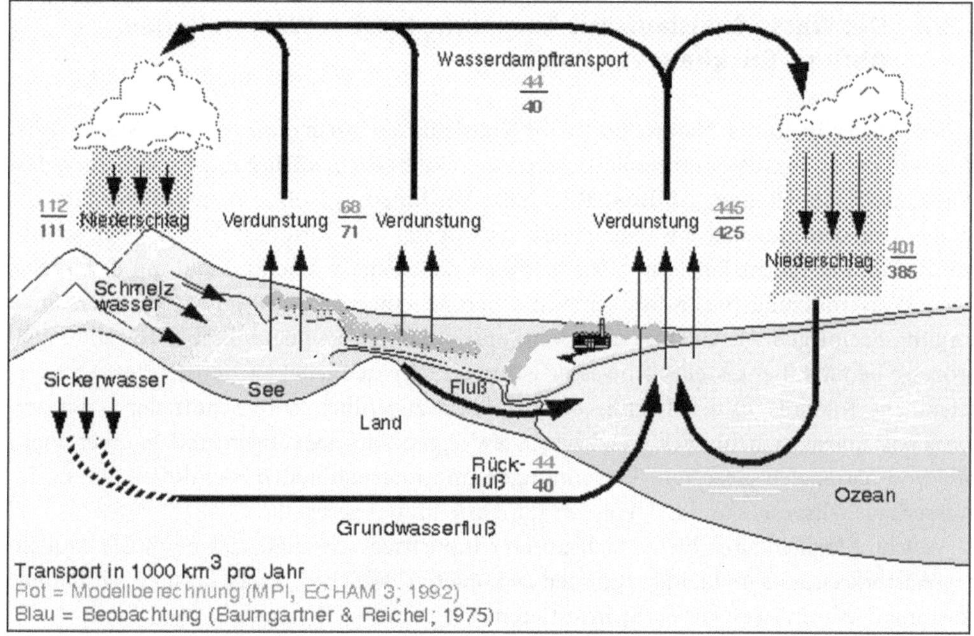

Abb. 1.7 Wasserkreislauf aus (Max-Planck-Institut für Meterologie 2011)

1.3 Der Wasserkreislauf als Perpetuum mobile mit Sonnenantrieb

1.3.1 Die Sonne als Motor des Wasserkreislaufs

Die Stoffe in unserer Natur sind Kreisläufen unterworfen. Die Natur ist kreislauforientiert. Bekannt sind die Kreisläufe von einer Reihe essentieller Elemente, so sprechen wir von dem Kohlenstoffkreislauf, dem Stickstockkreislauf, dem Schwefelstoffkreislauf und dem Phosphorkreislauf in der Ökologie. (wikipedia.org 2013)

Eines unserer wichtigsten Stoffe, das Wasser, ist ebenso einem Kreislauf zugeordnet, dem Wasserkreislauf. Hier stellt sich die Frage. Was sind die Antriebskräfte für diesen Wasserkreislauf?

„Der Motor des Wasserkreislaufs auf der Erde ist die Sonne. Sie ist dafür verantwortlich, dass sich das Wasser in einem ständigen Kreislauf zwischen der Atmosphäre und der Erdoberfläche bewegt. Dabei sind die Meere für das Wasser in der Atmosphäre eine praktisch unerschöpfliche Feuchtequelle. Durchschnittlich verdunstet im Jahr über dem Ozean sechsmal so viel Wasser (425 000 Kubikkilometer) wie über dem Land. Durch die Verdunstung wird Wasser zu Wasserdampf und so für die Atmosphäre „transportfähig". Die atmosphärische Zirkulation verfrachtet die Luftmassen großräumig und nutzt für diese Bewegungen Energie, die u. a. durch die Kondensation des Wasserdampfes bereitgestellt wird." (DVGW e. V. 2011)

1.3.2 Der Wasserkreislauf, mit Ausnahme fossiler Wässer: Regen, Abfluss, Rückhalt, Verdunstung

Unser Wasser ist in der Natur ständig im Kreislauf, mit Ausnahme fossiler Wässer. Wie sprechen daher vom Wasserkreislauf. Abb. 1.7 erläutert die natürlichen Mechanismen des Wasserkreislaufs (**Regen, Abfluss, Rückhalt, Verdunstung**) ohne menschliche Einwirkungen, seien es Industrieabwässer, Siedlungsabwässer oder Einflüsse der Landwirtschaft. Mit Beginn der Industrialisierung wurde dieser natürliche Wasserkreislauf mit der intensiven Wassernutzung (Grundwasser und Oberflächenwasser) und anschließenden Entsorgung beeinträchtigt. Grundwasser wird entnommen und für industrielle Fertigungsprozesse benutzt. Behandeltes Abwasser wird von Direkteinleitern (Industriebetrieb oder öffentliche Kläranlage) den Fließgewässern direkt zugeführt. Zum Schutz der Gewässer muss das Abwasser behandelt werden, die jeweiligen Anforderungen sind in einer Vielzahl von nationalen Gesetzen, Verordnungen und internationalen Richtlinien etc. (z. B. Wasserhaushaltsgesetz und EU-Wasserrahmenrichtlinie) geregelt.

Welche Möglichkeiten bieten sich unserer Industriegesellschaft, das bewährte Modell des Wasserkreislaufs im kleinen Rahmen zu kopieren? Welche Vorteile können wir daraus gewinnen? Was müssen wir dafür investieren?

Drei einfache Fragen mit relevantem Gewicht für unsere Zukunftssicherung.

In den folgenden Kapiteln wird der langfristigen Abwasserentsorgung behandelt, hierzu werden allgemeine Arbeitshilfen vorgestellt, die für jede Branche bzw. jeden Betrieb entsprechend variiert werden können.

Der Wasserkreislauf als Vorbild

2

2.1 Prozesswasserautarkie mittels Abwasserrecycling

Wasser wird von Seiten der Industrie aus dem Wasserkreislauf entnommen, sei es durch Direktbezug über kommunale Wasserwerke oder Eigenförderung von Grundwasser oder Oberflächenwasser. Nach Gebrauch wird es entsprechend den jeweils gültigen gesetzlichen Auflagen behandelt und anschließend wieder dem Wasserkreislauf über Einleitung in eine kommunale Kläranlage (Indirekteinleiter) oder ein Fließgewässer (Direkteinleiter) direkt zugeführt. Die gesetzlichen Anforderungen an die Abwasserbehandlung haben sich in den letzten Jahrzehnten stets intervallartig verschärft. Ein Arbeitspapier des Fraunhofer Instituts für System- und Innovationsforschung mit dem Titel „Technische Trends der industriellen Wassernutzung" (2008) lässt im Kapitel „Rechtliche Randbedingungen" folgenden Sachverhalt erkennen.

> Die rechtlichen Rahmenbedingungen üben einen wesentlichen Einfluss auf die industrielle Wassernutzung und Abwasserreinigung in Deutschland aus. Die überwiegend in den 80er Jahren erlassenen, branchenspezifischen Regelungen in den Anhängen zur Abwasserverordnung bildeten bislang die Grundlage für die Konzeption der Abwasserbehandlung in den Industriezweigen. Nach den Anforderungen des Wasserhaushaltsgesetzes ist dabei der Stand der Technik umzusetzen. In den ergänzenden Hintergrundpapieren für die Branchen werden detailliert die Verfahren beschrieben, die die Einhaltung der Anforderungen ermöglichen. Für einige Branchen werden dabei auch prozessintegrierte Anforderungen gestellt und es werden dabei auch Möglichkeiten für einen effizienten Wassereinsatz erläutert (z. B. Anhang 40; Zimpel 2004) (Hillenbrand et. al. 2008).

Auf der EU-Ebene sind als Vorgaben die IVU-Richtlinie (IVU-Richtlinie 2008)) sowie die Wasserrahmenrichtlinie (EU-WRRL 2000) zu nennen.

R. Stiefel, *Abwasserrecycling und Regenwassernutzung*,
DOI 10.1007/978-3-658-01040-9_2, © Springer Fachmedien Wiesbaden 2014

2.2 Die EG-Wasserrahmenrichtlinie

Die im Jahr 2000 verabschiedete Wasserrahmenrichtlinie (WRRL) verpflichtet die Mitgliedsstaaten, bis 2015 einen guten ökologischen und chemischen Zustand in den Gewässern zu erreichen. Was bedeutet dies für Direkt- und Indirekteinleiter?

Besondere Aufmerksamkeit erfährt hier eine Reihe von gewässerökologischen Zielen und Forderungen sowie die prioritären Stoffe.

Im Anhang X der Richtlinie wurden 33 Stoffe festgelegt, für die europaweite Qualitätsziele einzuhalten sind (prioritäre Stoffe).

Die Ziele der Richtlinie lassen sich, wie folgt unterteilen:

- Verringerung der chemischen Belastung der Gewässer innerhalb der EU
- Bestandsaufnahme der Emissionen und Einleitungen prioritärer Stoffe je Flussgebietseinheit und Mitgliedsstaat
- Gänzliche Unterbindung der Einleitungen, Emissionen und Verluste der gefährlichen prioritären Stoffe innerhalb der nächsten 20 Jahre
- Schrittweise Verringerung des Eintrags prioritärer Stoffe

Prioritäre Stoffe Prioritäre Stoffe sind gekennzeichnet durch Eigenschaften, wie:

- Persistenz
- Bioakkumulation
- aquatische Toxizität
- Säugetiertoxizität
- Dispersionsgrad (Verteilung) in der Umwelt

Bisher sind 33 Stoffe als prioritär und davon 13 als prioritär *gefährliche* Stoffe auf einer Liste ausgewiesen. Siehe hierzu dieTab. 2.1 und 2.2. Weitere Stoffe werden geprüft.

Listen, die Stoffe aufgrund von bestimmten Kriterien als gefährlich ausweisen, haben ihre eigene Dynamik, wie parallele Entwicklungen in den vergangenen Jahrzehnten zeigten, derartige Listen werden ständig fortgeschrieben. Wie die Listen der prioritäre Stoffe und prioritär gefährlichen Stoffe in der Zukunft genau aussehen werden, kann man heute nur vermuten. Wahrscheinlich sind sie deutlich erweitert. Doch werfen wir einen Blick auf die Verteilung einiger dieser Stoffe in deutschen Flüssen.

2.3 Prioritäre Stoffe in deutschen Gewässern

Abbildung 2.1 verdeutlicht die Entwicklung bei den Emissionen von Schwermetallen. Die Schwermetallemissionen seitens der Industrie durch Direkteinleitung haben sich in 15 Jahren deutlich reduziert. Mit den neuen Herausforderungen zur Senkung der Emissionsfrachten ergeben sich für die einzelnen Industriebranchen bzw. ihrer Firmen Mög-

Tab. 2.1 Liste der 13 prioritär gefährliche Stoffe

1.	Anthracen
2.	Bromierte Diphenylether (p-BDE)
3.	Cadmium und Cadmiumverbindungen
4.	C10-13-Chloralkane
5.	Endosulphan
6.	Hexachlorbenzol
7.	Hexachlorbutadien
8.	Hexachlorcyclohexan
9.	Quecksilber und Quecksilberverbindungen
10.	Nonylphenole
11.	Pentachlorbenzol
12.	Polyaromatische Kohlenwasserstoffe (ohne Fluranthen)
13.	Tributylzinnverbindungen

Tab. 2.2 Liste 20 prioritäre Stoffe

1.	Alachlor
2.	Atrazin
3.	Benzol
4.	Chlorfenvinphos
5.	1,2-Dichlorethan
6.	Dichlormethan
7.	Di(2-ethylhexyl) phthalt(DEHP)
8.	Diuron
9.	Fluoranthen
10.	Isoproturon
11.	Blei und Bleriverbindungen
12.	Naphtalin
13.	Nickel und Nickelverbindungen
14.	Octylphenol
15.	Pentachlorophenol
16.	Simazin
17.	Trichlorobenzole
18.	Trichlormethan (Chloroform)
19	Trifluralin

lichkeiten die Frachtreduzierung durch Eigeninitiativen zu bewerkstelligen. Abb. 2.1 zeigt auch die Elemente Quecksilber und Cadmium, die zu den gefährlich prioritären Stoffen gehören, ebenso die Stoffe Cadmium und Blei, die unter die 20 prioritären Stoffe fallen. Die Einleitung dieser Stoffe wird in Zukunft sehr stark limitiert werden. Was für viele

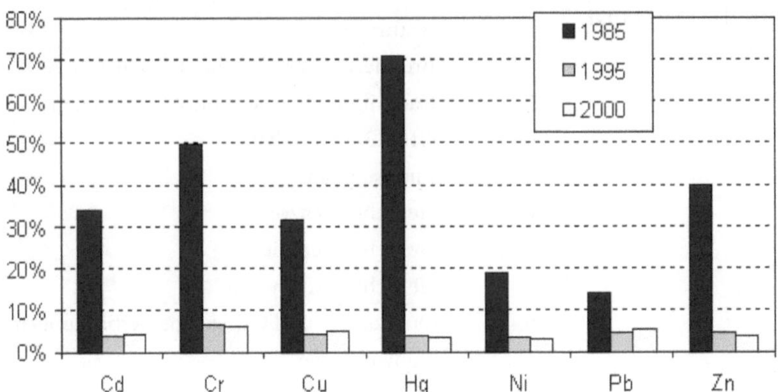

Abb. 2.1 Anteil industrieller Direkteinleitung an den Gesamtemissionen von Schwermetallen in deutsche Gewässer für den Zeitraum 1985 bis 2000 (Nach Böhm et al. 2005)

Direkt- und Indirekteinleiter, die diese Stoffe emittieren, eine Optimierung ihrer betrieblichen Abwassertechnik erfordert.

In Zusammenhang mit den Anforderungen auf europäischer Ebene wird derzeit an einer Überarbeitung der rechtlichen Grundlagen zur Abwasserbehandlung in Deutschland gearbeitet (UBA/BMU 2004; Veltwisch 2005; Hahn 2004, cit. in Hillenbrand et al. 2008). Im Einzelnen werden folgende Gründe genannt:

- „Berücksichtigung der Anforderungen der Wasserrahmenrichtlinie (prioritäre Stoffe)
- Integration der sich aus der IVU-Richtlinie ergebenden Anforderung zur medienübergreifenden Betrachtung
- notwendige Anpassung der in den Anhängen zur Abwasserverordnung festgelegten Anforderungen an den Stand der Technik, der u. a. in den BVT-Papieren beschrieben ist (seit 1990 wurden die Anforderungen nach § 7a WHG nicht systematisch fortgeschrieben)
- Umsetzung der in 2002 neu formulierten Anforderungen zur Bestimmung des Standes der Technik (Anhang 2 zu § 7a WHG), nach denen u. a. die Aspekte Stoffrückgewinnung sowie Rohstoffverbrauch besonders zu berücksichtigen sind, so dass dadurch der Aspekt einer möglichst effizienten Nutzung von Wasser gestärkt wird“

In diesem Zusammenhang sollte man sich noch einmal die Richtlinie 2008/105/EG vor Augen führen, welche Ziele im Gewässerschutz innerhalb der EU angestrebt werden.

„Am 17. Juli 2006 hatte die EU-Kommission einen Richtlinienvorschlag über Umweltqualitätsnormen im Bereich der Wasserpolitik vorgelegt. Er knüpft an den Artikel 16 über Strategien gegen Wasserverschmutzung, der Wasserrahmenrichtline (WEEL) aus dem Jahre 200 an und dient bei den prioritären Stoffen der Erreichung der Umweltziele der Richtlinie die spätestens nach 15 Jahren, d.H. bis 2015, erreicht werden soll.

Die Ziele lauten

- Herstellung eines guten ökologischen Zustandes der oberirdischen Gewässer einschließlich der Küstengewässer;
- Erreichen eines guten ökologischen Potenzials für künstliche oder erheblich veränderter Gewässer und
- Herstellung eines guten chemischen Zustandes.

> Das Ziel, die Gewässer von bestimmten, z. T. gefährlichen Stoffe soweit wie möglich frei zu halten, ist unter dem Dach der Wasserrahmenrichtlinie ein wichtiger Schwerpunkt im europäischen Gewässerschutz. In den Gewässern findet sich eine Vielzahl von Stoffen, die durch Einleitung und diffuser Quellen eingetragen werden. (BMU 2011)

Diese Zielsetzung der europäischen Gewässerpolitik hat Konsequenzen für Direkt- und Indirekteinleiter in Bezug auf ihre betriebliche Wasserwirtschaft. Wobei der Begriff „Betriebliche Wasserwirtschaft" weit mehr umfasst als die reine Abwasserentsorgung. Er integriert die Frischwasserversorgung, den effiziente Wassereinsatz in der Produktion, die Abwasserverwertung und schließlich die Abwasseraufbereitung bis hin zur Kreislaufführung der einzelnen Prozesswasserstränge.

2.4 Wer nicht handelt, wird behandelt!

Wer nicht selbständig handelt, wird behandelt in Form von Gesetzen, Richtlinien, Bescheiden und Auflagen etc. Der Aktive wird zum Passiven und muss den gesetzlichen Anforderungen an seine Abwassereinleitung genugtun, bzw. Auflagen hinsichtlich seiner Wasserversorgung erfüllen. Jeder Verantwortliche eines Betriebes sollte daher den technischen Stand der eigenen betrieblichen Wasserwirtschaft gründlich hinterfragen. Hierzu zählt die Gewinnung von Frischwasser, die innerbetrieblichen Nutzung des Prozesswassers und die Entsorgung des Abwassers. Dies dient ihrer nachhaltigen Entwicklung. Was den Verantwortlichen zwangsläufig zur nächsten Frage führen muss. Welche Maßnahmen bieten sich an, um für das Werk, den Betrieb etc. langfristig eine sichere Wasserversorgung und Abwasserentsorgung zu erreichen. Eine Alternative könnte die Änderung der Produktionsverfahren im Sinne einer Umstellung von einer abwassererzeugenden Fertigung auf eine abwasserlose sein, z. B der Wechsel von einer Nasslackierung auf eine Pulverbeschichtung, wenn sich diese Möglichkeit bietet. Alternative abwasserfreie Fertigungstechniken und die Substitution von wassergefährdenden Stoffen sind wichtige Kriterien für einen nachhaltigen Gewässerschutz, sie allein werden jedoch nicht alle Emissionsprobleme lösen können. Hier stellt sich die Frage nach Alternativen zur End-of-pipe-Technik. Die Natur selbst mit ihren vielen Kreisläufen (z. B. Wasserkreislauf, CO2-Kreislauf, Stickstoff-Kreislauf etc.) weist uns einen lang erprobten Weg, nämlich die Kreislaufführung oder, um im technischen Terminus zu bleiben, das Recycling von Prozesswasser.

2.5 Die Natur als Vorbild – Kreislaufführung der Prozesswässer

Eine Möglichkeit ist das Recycling der Prozesswässer für eine innerbetriebliche Kreislaufführung. Das Prozesswasser ist hier innerbetrieblich im Fluss, wie im natürlichen Wasserkreislauf. Wir lernen von der Natur. Es beginnt mit dem Frischwasser, das für die Produktion (Prozesswasser, Brauchwasser) benutzt und dadurch belastet wird, es wird zum Abwasser. Anschließend wird es innerbetrieblich behandelt (aufbereitet) und dadurch erneut zu Prozesswasser (Brauchwasser), das dann in Frischwasserqualität wieder genutzt wird. Ob das Medium Wasser (Prozesswasser) im innerbetrieblichen Kreislauf als „Frischwasser" oder „Abwasser" angesprochen wird, hängt nur von seinem Zustand (aufbereitet, benutzt und belastet) ab. Es handelt sich immer um das gleiche Wasser, das im Kreislauf geführt wird, lediglich die Wasserverluste (Verdunstung, Eingang in das Produkt etc.) müssen durch kreislaufexternes Wasser ersetzt werden. Wobei sich dafür die Nutzung von Regenwasser anbietet.

2.5.1 Frischwasser-Check

Bevor wir uns um das Abwasser kümmern, sollte zunächst eine Bestandsaufnahme über den Frischwasserverbrauch im Betrieb durchgeführt werden. Alles was wir an Frischwasser durch innerbetriebliche Maßnahmen (z. B. Sparspültechnik) einsparen können, brauchen wir als Abwasser nicht zu behandeln. Erfahrungsgemäß haben sich Check-Listen als praktische Hilfsmittel bei dieser Aufgabe bewährt, so dass wir im folgenden Frischwasser-Check einige Hinweise für die Bestandsaufnahme erhalten.

Die Frischwasserversorgung eines Betriebes ist in erster Linie eine lokale Angelegenheit, also eine Standortfrage. Der folgende Frischwassercheck gibt einige stichwortartige Hinweise, welche Kriterien bei der langfristigen Frischwasserversorgung eines Betriebes beachtet werden sollten. Er gliedert sich in die 4 Bereiche – Wasserangebot, Frischwasserverbrauch, Schwachstellen bei der Versorgung und Alternativen bei der Frischwassersicherung.

1. Frischwasserangebot
   - Prognose der regionalen Wasserverhältnisse
   - Verträge mit Wasserlieferanten
   - Verträge und Auflagen bei der Eigenförderung
   - Mögliche restriktive Auflagen
   - Entwicklung der Wasserpreise
   - Prognose zur langfristigen Verfügbarkeit der Wasserquellen
2. Frischwasserbedarf
   - Art und Menge des Frischwasserbedarfs
   - Mögliche Produktionserweiterung
   - Zukünftiger Frischwasserbedarf nach Art und Menge

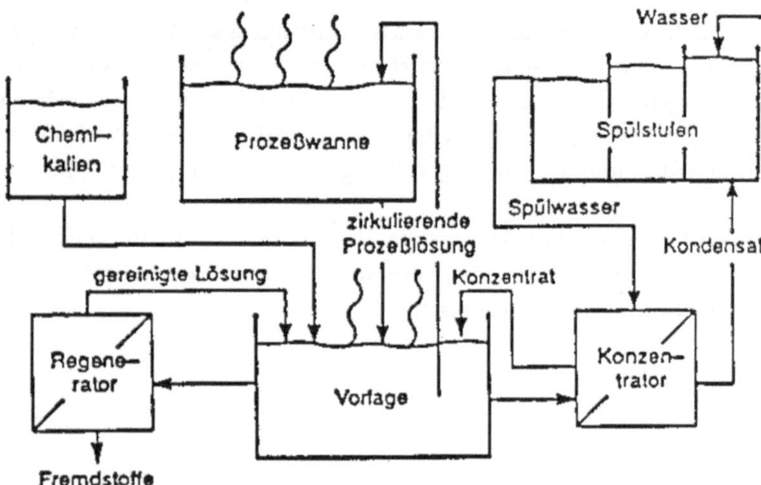

Abb. 2.2 Verfahrensschema einer abwasserfrei konzipierten Prozessstufe (Aus Lieber 1995; mit freundlicher Genehmigung des Erich Schmidt Verlags, Berlin)

3. Schwachstellen bei der Frischwasserversorgung
   - Kürzung der Eigenförderung
   - Kürzung des Wasserbezuges
   - Preisentwicklung
4. Alternativen der Frischwassersicherung
   - Wassereinsparen
   - Wasserfreie Produktionsverfahren
   - Alternative Wasserquellen oder -lieferanten
   - Regenwassernutzung für Prozesswässer

2.5.2 Abwasserentsorgung, Einsparpotentiale, Prozesswasserautarkie

Strebt ein Betrieb die Autarkie der Prozesswässer an, das heißt, er leitet weder Abwasser ab, noch bezieht er Frischwasser aus eigenen (z. B. Brunnen) oder externen Quellen (Wasserwerk), so kann die Nutzung des Regenwassers von seinem eigenen Gelände (Dächer oder andere geeigneter Flächen etc.) eine nützliche Quelle für die Deckung der Wasserverluste sein. Grundsätzlich sollte vor der Entscheidung über Änderungen innerhalb der betrieblichen Abwasserwirtschaft immer eine Sachstandserhebung der Abwasserverhältnisse durchgeführt werden.

Im Abb. 2.2 wird an einem Bespiel aus dem Bereich Galvanik der Unterschied zu einer End-of-pipe Technik deutlich. Der Betrieb emittiert kein Abwasser nach Außen, weder in eine öffentliche Kläranlage noch in ein Gewässer. Lediglich Reststoffe (Abfall) werden extern entsorgt und Wasserverluste durch externe Zufuhr ausgeglichen. Könnten die Wasserverluste durch Nutzung von Regenwasser aus der betrieblichen Dachflächen ergänzt werden, so wäre dieser Betrieb **prozesswasserautark.**

Vielfältig sind die Optionen, die die Abwasseremission eines Betriebes vermeiden bzw. reduzieren können. Für die Lösungen innerhalb eines Betriebes gibt es ein weites Spektrum von Teillösungen , (z. B. Kreislaufführung von Prozesswässern mit prioritären Stoffen etc.), bis hin zur Schließung aller Teilströme mit der Nullemission der Abwasserfrachten eines ganzen Betriebes und der Nutzung von Regenwasser als Ergänzung für die Wasserverluste.

Im folgenden Kapitel wird die langfristige Abwasserentsorgung im Blickpunkt stehen, hierzu werden allgemeine Arbeitshilfen vorgestellt, die für jede Branche bzw. jedem Betrieb entsprechend variiert werden können.

Produktionsintegrierter Umweltschutz (PIUS) 3

3.1 Ziele des Produktionsintegrierten Umweltschutzes

Der betriebliche Umweltschutz war über Jahrzehnte in vielen Branchen wesentlich bestimmt von der End-of-pipe-Technik. Gesetzliche Anforderungen an die Vermeidung bzw. Verringerung von Schadstoffemissionen und –immissionen in den Umweltbereichen Wasser, Luft und Abfall wurden in der betrieblichen Praxis weitgehend durch solche technischen Maßnahmen erfüllt, die den Produktionsprozessen nachgeschaltet waren. Nachgeschaltete Techniken zur Schadstoffvermeidung oder –verringerung führten oft zur Problemverlagerung bzw. zur Entstehung neuer Probleme. Durch eine gemeinsame Abwasserbehandlung ungetrennter Stoffströme können Abfälle entstehen, die sich einer Verwertung aus technischen oder wirtschaftlichen Gründen entziehen und als Sonderabfälle teuer entsorgt werden müssen. Punktuelle technische Maßnahmen zur Schadstoffverminderung lösen die Schadstoff-Problematik innerhalb eines Betriebes oft nur unzureichend.

Sie verschieben letztendlich nur die Kosten für nachfolgende Problemlösungen innerhalb eines Betriebes.

Als Beispiel möge die Vermischungsvermeidung von Abwassersteilströmen dienen, die jeweils unterschiedliche Schwermetalle (Kupfer, Chrom, Nickel etc.) enthalten und bei einer gemeinsamen Abwasserbehandlung einen Mischschlamm erzeugen, der in seinem Veräußerungswert deutlich geringer einzuschätzen ist als einzelnen Monoschlämme. Strikter Trennung der Abwasserströme hinsichtlich ihrer Aufbereitung erhöht den Wert der erzeugten Abfallstoffe in Bezug ihre Verwertung und damit ihre Erlöse.

Hat ein Betrieb einen sehr hohem Spülwasserverbrauch, vergrößert sich dessen Abwasserbehandlung. Größere Wassermengen verursachen sowohl einen höheren Energieverbrauch beim Transport des Wasservolumens als auch einen zusätzlichen Chemikalienbedarf bei der Abwasserbehandlung (z. B. Fällung) bzw. einen vermehrten Abfallanfall mit nachfolgenden Entsorgungskosten.

So kann bei einer konsequenten Anwendung der Sparspültechnik der Abwasseranfall oft soweit reduziert werden, dass die Verdampfungstechnik lukrativ wird, womit das Pro-

R. Stiefel, *Abwasserrecycling und Regenwassernutzung*,
DOI 10.1007/978-3-658-01040-9_3, © Springer Fachmedien Wiesbaden 2014

zesswasser einer Kreislaufführung zugeführt werden kann und gleichzeitig die Abfallmenge verringert werden.

Der Produktionsintegrierte Umweltschutz (PIUS; PIUS-Check 2011) bietet eine Alternative zur End-of-pipe-Technik. Die Probleme der Schadstoffvermeidung bzw. – verringerung werden hier nicht als reine Insellösung am Ende eines Produktionsprozesses behandelt, sondern der Ansatz der Schadstoffvermeidung bzw. -verringerung beginnt bei der Produktion selbst mit den Prioritäten:

Vermeidung > Verwertung > Behandlung

Innovative Sparspültechniken können schon in der Fertigungslinie die Entstehung von Schadstoffemissionen wirksam verhindern bzw. minimieren. Effizienzsteigerung in der Abwasserwirtschaft beginnt beim Wassersparen in der Produktion.

Die Schadstoffvermeidung bzw. –verringerung sollte im Betrieb immer ganzheitlich betrachtet werden, um Problem- und evtl. Kostenverlagerungen zu vermeiden. Nur so ist eine effiziente Nutzungen von Synergien innerhalb der einzelnen Stoff- und Energieströme möglich. In der betrieblichen Praxis kann dies bedeuten, dass z. B. bisher ungenutzte Abwärme zur Verdunstung von Abwasser bzw. zur Anreicherung von Wertstoffen innerhalb eines Stoffstranges verwertet werden kann.

In vielen Branchen ist in der betrieblichen Wassernutzung in den letzten 30 Jahren eine Trendwende hin zur sparsamen Wasserverwendung eingetreten, verursacht durch unterschiedliche Impulse (gesetzliche Anforderungen, Abwasserkosten etc.). Hierzu wurde auf der Fachtagung der VS-Kommission „Industrie und Gewerbe“ vom 20. Juni 2008 in Emmenbrücke (Schweiz) in dem Vortrag „Produktionsintegrierter Umweltschutz in der Industriewasserwirtschaft (Rosenwinkel, Karl-Heinz et al. 2008) ausgeführt.

„Im Industriebetrieb wird Wasser unterschiedlicher Qualitäten entsprechend der installierten Aufbereitung als Rohstoff, Transportmittel, Hilfsstoff und Belegschaftswasser eingesetzt. Als betriebliche Nutzungsarten werden Einfachnutzung, Mehrfachnutzung und Kreislaufnutzung unterschieden. Als Nutzungskenngröße gilt der sog. Nutzungsfaktor, der als **Quotient** aus der **Wassernutzung und** dem **Wasseraufkommen** definiert ist. In einzelnen Industriezweigen hat sich dieser **Nutzungsfaktor** in den letzten 30 Jahren mehr als **verdreifacht**.

Seit dem die Kreislaufführung und die Wieder- bzw. Weiterverwendung von Prozesswasser einen immer größeren Stellenwert einnimmt, besteht der Anreiz für immer mehr Betriebe die Abwasseraufbereitung direkt in die Produktionslinie zu integrieren. Dies bedeutet, dass die industrielle Abwassereinigung nicht mehr den Produktionsprozessen nachgeschaltet (End-of-pipe-Technik), sondern integrativer Bestandteil des gesamten Betriebsablaufes ist.“

Vereinzelt haben die Grundsätze des Produktionsintegrierten Umweltschutzes schon ihren Niederschlag in Anforderungen des Gewässerschutzes gefunden. So werden z. B. im Anhang 29 für die Eisen und Stahlerzeugung (AbwV Anhang29 2002) unter dem *Absatz B Allgemeine Anforderungen* folgende Vorgaben aufgelistet.

1. Abwasser aus Sinteranlagen, aus der Roheisenentschwefelung sowie aus der Rohstahlerzeugung darf nicht in ein Gewässer eingeleitet werden.
2. Die Schadstofffracht ist so gering zu halten, wie dies nach Prüfung der Verhältnisse im Einzelfall durch folgende Maßnahmen möglich ist:
   - Weitgehende ***Kreislaufführung*** des Prozesswassers aus den Gaswäschern sowie des sonstigen Prozesswassers,
   - ***Weiterverwendung*** von Prozesswasser,
   - Schlackengranulation mittels Prozesswasser oder Kühlwasser,
   - ***Nutzung*** des verschmutzten, von befestigten Flächen abfließenden gesammelten Niederschlagswassers,
   - ***Mehrfachnutzung*** von Spülwasser mittels geeigneter Verfahren wie Kaskadenspülung oder Kreislaufspültechnik mittels Ionenaustauscher,
   - ***Rückgewinnung*** oder **Rückführung** von dafür geeigneten Badinhaltsstoffen aus Spülbädern in die Prozessbäder,
   - ***Verminderung*** des Austrags von Inhaltsstoffen von Behandlungsbädern der Oberflächenveredlung mittels geeigneter Verfahren wie Spritzschutz und Abstreifen,
   - ***Badpflege*** zur Verlängerung der Standzeiten mittels geeigneter Verfahren wie Membranfiltration, Ionenaustauscher oder Elektrolyse (Verordnung über Anforderungen an das Einleiten von Abwasser; AbwV Anhang 29 2002)

Erinnern wir uns an die Prioritäten des Produktionsintegrierten Umweltschutzes – *Vermeidung > Verwertung > Entsorgung* – so sind diese Vorgaben im Anhang 29 integriert. Die Vorgaben zielen auf eine effiziente Nutzung aller verwendeten Stoffe bei gleichzeitiger Minimierung aller Emissionen.

3.2 Wie kann Wasser eingespart werden?

Diese Frage, stellen sich nicht nur die Techniker eines Betriebes, sondern sie findet immer mehr Eingang in die wirtschaftlichen Belange der Betriebe. Denn Abwasser ist gleichzusetzen mit Ausgaben und dies oft in dreifacher Hinsicht:

- Frischwasserkosten
- Abwasserkosten (Abwassergebühren und Starkverschmutzerzuschläge)
- Abfallentsorgungskosten der Abwasseraufbereitung

Es sollte daher bei einer Überlegung die Abwassermengen zu reduzieren, immer als erste Frage diskutiert werden: Braucht der Betrieb für alle Produktionsprozesse Wasser oder kann dieses Medium durch ein anderes ersetzt werden? Kann also eine abwasserfreie Technik diesen oder jenen Produktionsprozess substituieren?

Zwei technisch oft schwierige und vor allem arbeitsintensive Fragen! Die Prüfung kann sich aber als sehr lohnend erweisen, wenn ein Abwasserproblem durch alternative Techniken oder Stoffe gelöst werden kann. Als Beispiele seien die Pulverlackierung genannt und – als neuere Entwicklung – das wasserfreie Färbeverfahren von Textilien (Bundesministerium für Bildung und Forschung (BMBF) 2004): Bei diesem Verfahren wird Wasser durch Kohlendioxid ersetzt. Gemäß der Veröffentlichung des BMBF zeichnet sich das

Tab. 3.1 Benötigte Spülwassermengen pro Liter ausgeschleppter Elektrolyten zur Erlangung eines vorgesehenen Spülkriteriums in Abhängigkeit von der Kaskadenzahl nach: (Mindestanforderungen an das Einleiten von Abwasser in Gewässer Anhang 40 1999)

Spülkriterien	10.000	5.000	1.000	200
– Benötigte Spülwassermenge in l/h –				
Stufenzahl				
einstufig	10.000	5.000	1.00	200
zweistufig	100	70	32	14
dreistufig	22	17	10	6
vierstufig	10	8	6	4
fünfstufig	6	5	4	3

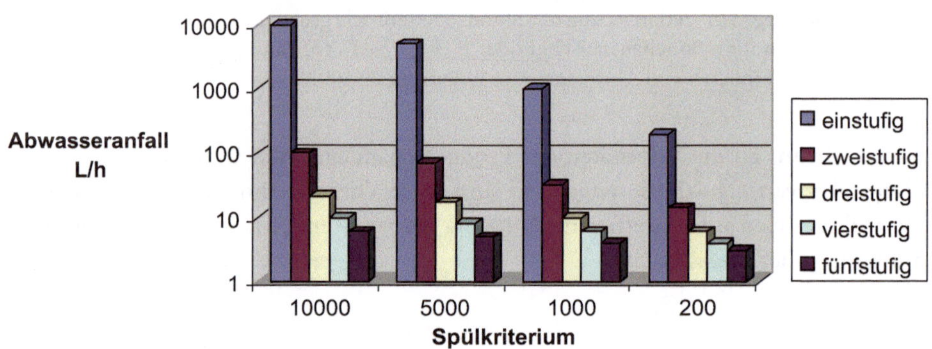

Abb. 3.1 Spülwasserverbrauch verschiedener Spülstufen

Verfahren dadurch aus, dass weniger Abfälle anfallen und außer den Farbstoffen keine weiteren Chemikalien eingesetzt werden müssen. Das Verfahren ist außerdem schonend für die Textilien. Als weiterer Vorteil können Polyestergewebe mit Elastan gefärbt werden.

Die Beantwortung dieser Fragen ist – wie sich zeigt – sehr branchenspezifisch und tangiert direkt den Stand der jeweils verfügbaren Prozesstechniken in den einzelnen Branchen.

3.2.1 Abwasservermeidung durch Spülwassereinsparung

In vielen Branchen stellen Spülwässer die dominierende Abwassermenge dar. Hier bestehen Möglichkeiten sowohl die *Spülwassermenge* als auch die Frischwasserkosten und die *Gesamtabwassermenge* des Betriebes stark zu reduzieren, was die *Entsorgungskosten* senkt.

Die Spültechnik sollte immer in Beziehung zu den nachfolgenden Abwasserbehandlungsverfahren gesehen und ausgewählt werden. Zur groben Abschätzung, welche Spülwassermengen durch verschiedene Spültechniken eingespart werden können, dient die folgende Tab. 3.1 aus dem Bereich Galvanik.

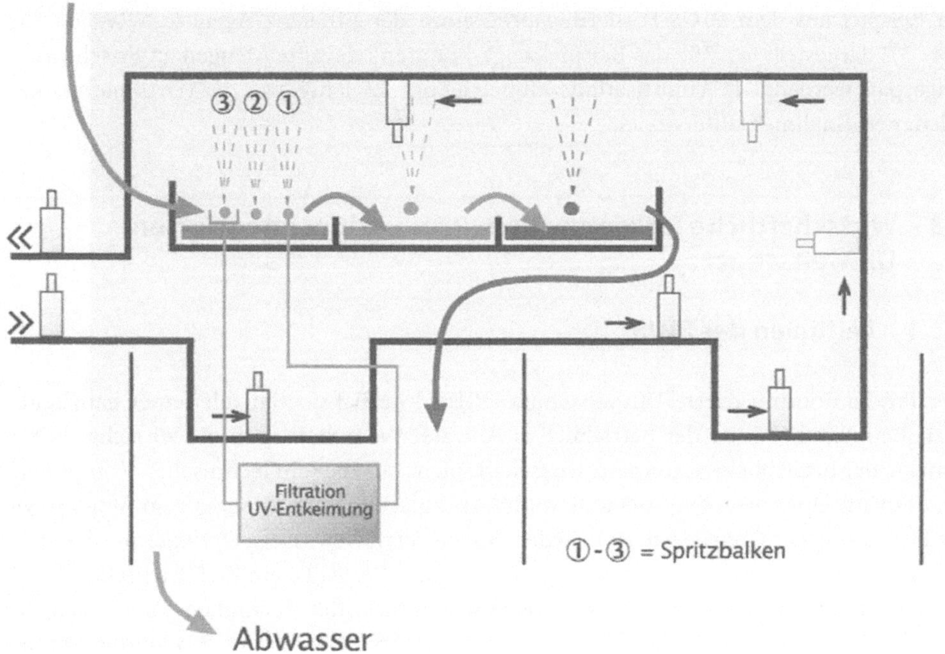

Abb. 3.2 Beispiel einer Mehrfachnutzung von Wasser in einer Brauerei – Flaschenwaschmaschine (aus Effizienzagentur NRW, Förderprojekte 2001)

Die Ergebnisse der Spülwassermengen bei unterschiedlichen Spülkriterien und variablen Spülstufen aus dem Bereich Galvanik (Tab. 3.1) lässt deutlich erkennen, wie wichtig der Einfluss der Spülstufenanzahl in Bezug auf den Abwasseranfall ist. Noch deutlicher wird dies durch Abb. 3.1. Bei allen Spülkriterien wird mit zunehmender Anzahl der Spülstufen der Abwasseranfall verringert, was sich auch in einer reduzierten Abfallmenge bzw. positiv in den Entsorgungskosten niederschlägt. Sicherlich können die branchenspezifischen Bedingungen der Spültechnik aus dem Bereich Galvanik nicht einfach auf alle anderen Branchen übertragen werden, dafür gibt es in den Randbedingungen (z.B Hygiene der Spülwässer etc.) zu große Unterschiede, aber die Grundtendenz für den Wasserverbrauch und Abwasseranfall ist deutlich erkennbar. Gelingt es durch Behandlungstechniken die jeweilige Qualität der Spülwässer zu garantieren, ist die Kaskadenspültechnik eine wichtige Säule sowohl bei der Frischwassereinsparung als auch bei der Abwasservermeidung. Sie stellt eine ausgesprochene Sparspültechnik dar.

Eine weitere Möglichkeit die Abwassermenge durch innerbetriebliche Maßnahmen deutlich zu verringern, bietet die *Mehrfachnutzung* von Prozesswässern. Dies kann im einfachsten Falle eine Nutzung des Abwassers aus einer Produktionseinheit als Prozesswasser für eine andere Produktionseinheit sein, wenn dies die qualitativen Abwasserverhältnisse und die Anforderungen an das Prozesswasser der zweiten Produktionseinheit erlauben.

Eine Alternative bietet auch die innerbetriebliche Behandlung von Abwasser zum Prozesswasser für andere Produktionseinheiten. Welches Potential in solchen innerbetrieblichen Maßnahmen der Mehrfachnutzung von Spülwässern schlummert, verdeutlicht ein Beispiel aus dem PIUS-Förderungsprogramm der Effizienz-Agentur NRW, das im Abb. 3.2 dargestellt ist. Wie das Beispiel zeigt, konnten relevante Mengen an Frischwasser eingespart werden. Die Amortisationszeit betrug nur 1,5 Jahre, was die Wirtschaftlichkeit solcher Maßnahmen unterstreicht.

3.3 Wirtschaftliche Effizienz durch Produktionsintegrierten Umweltschutz

3.3.1 Leitlinien des PIUS

Der Produktionsintegrierte Umweltschutz (PIUS) berücksichtigt mit seiner ganzheitlichen Betrachtungsweise der betrieblichen Abwasserwirtschaft auch die wirtschaftlichen Aspekte der betrieblichen Abwasserwirtschaft, nicht nur die rein technischen Komponenten des Umweltschutzes (Vermeidung und Verminderung von Abwasser und Abfall sowie die Einhaltung der Grenzwerte von bei der Einleitung in Gewässer). *Optimierung* der technischen Verfahren bei gleichzeitiger *Minimierung der Kosten* ist ein Ziel des PIUS.

Die Einführung ebenso kostengünstiger wie ausgereifter Techniken im Bereich der Abwasserbehandlung und die damit verbundenen Änderungen der Produktionsverfahren bedürfen sorgsamer Planung Vielfach müssen kostenspezifische Parameter bei der Auswahl technischer Verfahren beachtet werden. Die **VDI-Richtlinie 4075** (VDI 2005) weist hierüber wichtige Grundlagen im Anwendungsbereich aus. Diese Richtlinie wendet sich an Praktiker aus kleinen und mittleren Unternehmen (KMU) des produzierenden Gewerbes. Sie liefert Erkenntnisse und Erfahrungen zum Produktions-Integrierten Umweltschutz (PIUS) bei der Modernisierung oder Planung von Produktionsprozessen und Anlagen. Der Fachbereich „Integrierte Umwelttechnik" der VDI-Koordinierungsstelle Umwelttechnik – KUT setzt sich hierzu allgemein und branchenbezogen mit dem Themenkomplex PIUS auseinander. Dabei wird das Konzept als der auf die Produktion bezogene Teil der „Integrierten, vorsorgenden Produkt-Politik (IPP)" verstanden, der die ökologischen und ökonomischen Merkmale eines Produktes entlang seines gesamten Lebensweges zusammenfügt.

Im Rahmen dieser Produkt-Politik sind gleichzeitig – teilweise in gegenseitiger Abhängigkeit voneinander – mehrere Ziele anzustreben:

- Kosten senken
- Umwelt schützen
- Qualität optimieren

Bislang ist für den PIUS keine standardisierte, branchenübergreifende Verfahrensweise eingeführt. Daher soll die genannte VDI-Richtlinie insbesondere den KMU-Betrieben eine detaillierten Bewertung der Produktionsprozesse im Sinne des PIUS ermöglichen.

Der Inhalt der Richtlinie ist so angelegt, dass ein Bezug zu betrieblichen Managementsystemen leicht hergestellt werden kann. Des Weiteren kann die Anwendung der Richtlinie auch zu einem kontinuierlichen Verbesserungsprozess (KVP) in Unternehmen beitragen. Neben den in der Richtlinie zusammengefassten Erkenntnissen und den in die Praxis übertragbaren allgemeinen Ergebnissen werden in den Folgeblättern zur Richtlinie VDI 4075 Beispiele aus ausgewählten Branchen vorgestellt.

Hinweise zur Ermittlung der Aufwendungen für Maßnahmen zum betrieblichen Umweltschutz gibt die Richtlinie **VDI 3800** (VDI 2001).

3.3.2 PIUS-Check als Einstieg in den Produktionsintegrierten Umweltschutz (Effizienz-Agentur NRW, PIUS-Check)

Soll die Produktion in Bezug auf eine Emissionsvermeidung optimiert werden, so setzt dies eine exakte Kenntnis der Stoffströme während der Produktion und der dabei entstehenden Emissionen voraus. Dies bedeutet, dass im ersten Schritt bei der Einführung des Produktionsintegrierten Umweltschutzes eine Ist-Aufnahme und Ist-Bewertung des Betriebsablaufes durchgeführt werden muss.

3.3.2.1 Ist-Aufnahme

In der Ist-Aufnahme werden Daten in Bezug auf Produktionsverfahren und -abläufe erhoben. Stoff-Flussdiagramme sind hierbei wichtige Hilfsmittel zur Darstellung des Produktionsablaufes. Es ist wichtig, die Abwasserinhaltsstoffe nach Art und Menge sowie ihre Eigenschaften zu kennen, um das Abwasser effizient behandeln bzw. aufzubereiten zu können, damit es in nachfolgenden Schritten (Direkt- oder Indirekteinleitung) oder zur interner Kreislaufführung weiterverwendet werden kann. Zunächst werden die vier wichtigsten Schritte der Bewirtschaftung der Abwasserinhaltsstoffe abgebildet. Abwasserinhaltsstoffe sind vielfach auch Rohstoffe, die aus dem Abwasser zurückgewonnen und intern oder extern nach entsprechender Aufbereitung wiederverwertet werden können.

Bewirtschaftung der Abwasserinhaltsstoffe

1. *Erkennung* der Abwasserinhaltsstoffe
2. *Bewertung* ihrer Eigenschaften
3. *Behandlung* der Abwasserinhaltsstoffe
4. *Kontrolle* der Abwasserinhaltsstoffe

Produktionsablauf

1. eingesetzte Stoffe (Roh-, Hilfs- und Betriebsstoffe)
2. Stoffmengen
3. Energiearten
4. Energiemengen
5. Stoffwege

6. Stoffprodukte (produzierte Güter)
7. Stoffverluste
8. Energieverluste

Abwasseranfall und -behandlung

1. Abwasserarten
2. Abwasserbelastungen
3. Abwassermengen
4. Abwasserbehandlung
5. anfallende Abfälle bei der Abwasserbehandlung
6. Kosten der Abwasserbehandlung

Abfallanfall

1. Abfallarten
2. Abfallmengen
3. Abfallentsorgung
4. Kosten der Abfallentsorgung

Abluftemissionen

1. Abluftarten
2. Abluftmengen
3. Abluftbehandlung
4. Kosten der Abluftbehandlung

Energieeinsatz

1. Energiearten
2. Energiemengen
3. Energieverluste
4. Energiekosten

Logistik

1. Platzbedarf
2. Betriebliche Organisation
3. Mitarbeiter
4. Fortbildung
5. Controlling

3.3.2.2 Abwasserpass für Roh-, Hilfs- und Betriebsstoffe zur Datenerhebung des Ist-Zustandes

Ein Pass identifiziert eine Person und dokumentiert gewisse Merkmale der Person. Übertragen auf die Abwasserchemie der Wasserinhaltsstoffe bedeutet das, ein Abwasserpass weist die abwasserrelevanten Eigenschaften der Roh-, Hilfs- und Betriebsstoffe aus, wie

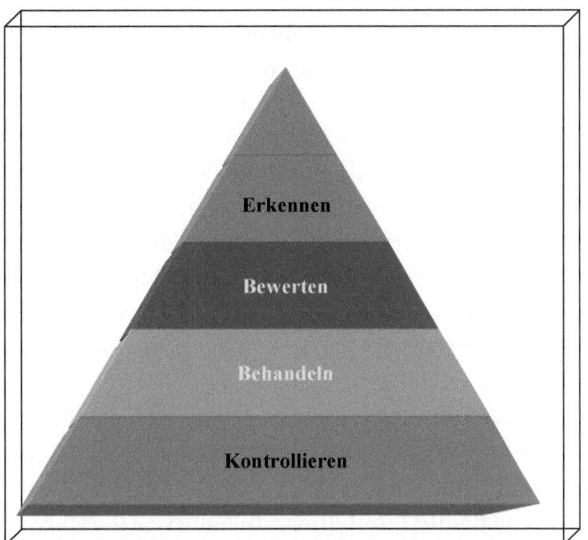

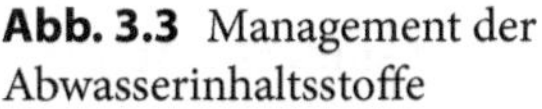
Abb. 3.3 Management der Abwasserinhaltsstoffe

z. B. pH-Wert oder biologisches Abbauverhalten bzw. akute Toxizität gegenüber Bakterien oder Belebtschlamm – z. B im Hinblick auf eine biologische Kläranlage.

Ein Abwasserpass gehört zum Instrumentarium der Vorsorge des Gewässerschutzes im Rahmen der Datenerhebung von Stoffeigenschaften.

Wozu dient der Abwasserpass? Der Abwasserpass soll die abwasserrelevanten Eigenschaften eines jeden Stoffes ausweisen, der im Betrieb verwendet wird. Sei es ein Roh-, Hilfs- oder Betriebsstoff, der bestimmungsgemäß oder durch Störungen ins Abwasser gelangt bzw. gelangen kann. Er ist ein Vorsorgeinstrument für die Abwasserbehandlung. Er unterstützt die analytische Abwasserüberwachung mit Hintergrundwissen über die Abwasserinhaltsstoffe.

Eine Vorsorge in der Abwasserbehandlung erfordert zudem *Hintergrundwissen* über die Eigenschaften der Abwasserinhaltsstoffe.

Die Vermeidung- bzw. Verminderung von Stoffemissionen insbesondere gefährlicher Stoffe bedingt die Kenntnis ihrer Stoffeigenschaften *in Bezug* auf das Abwasser. Roh-, Hilfs- und Betriebsstoffe besitzen bestimmte Eigenschaften. Gelangen diese Stoffe ins Abwasser, so werden daraus Abwasserinhaltsstoffe und deren Gesamtheit bestimmt den Abwassercharakter. Während der Bearbeitung in den einzelnen Produktionsprozessen können sich ihre Eigenschaften zum Teil durch chemische, biologische und physikalische Prozesse verändern, was die Sachlage komplizieren kann.

Die effiziente Beherrschung der Abwasserinhaltsstoffe in der Abwasserbehandlung setzt eine Reihe von Kenntnissen über sie voraus, etwa ihre Konzentrationen und vor allem ihre abwasserrelevanten Eigenschaften. Im Abb. 3.3 werden vier wichtige Merkmale des Abwassermanagements dargestellt. Die abwassertechnische Behandlung der Abwasserinhaltsstoffe und ihre analytische Kontrolle in Form einer Betriebsanalytik werden effektiver, wenn möglichst viele der Inhaltsstoffe und ihrer Eigenschaften bekannt sind. Die Abwasserbehandlung und Betriebsanalytik bedarf eines Partners, der möglichst viel Wissen über die Abwasserinhaltsstoffe einbringen kann.

Wichtige Stoffeigenschaften dienen als **Screeningparameter** für eine Abschätzung der Abwassercharakteristik. Besonders relevante Eigenschaften von Stoffen, wie z. B. Giftigkeit, Persistenz, Flüchtigkeit, Korrosionsverhalten oder Komplexbildung bedürfen einer intensiven Aufmerksamkeit, damit bei der Frage der Stoffsubstitution oder der Abwasserbehandlung diese Eigenschaften mitberücksichtigt werden können. Es empfiehlt sich, alle Stoffe, die innerhalb des Betriebes ins Abwasser gelangen, systematisch zur erfassen und ihre abwasserrelevanten Eigenschaften in einem Formblatt ähnlich einem Pass zu dokumentieren.

Mit dem Abwasserpass wird ermöglicht, dass viele Hintergrundinformationen über ein Produkt (Stoff) bei Entscheidungen, wie z. B. der Auswahl des Abwasser-Behandlungsverfahrens (biologische Abbaubarkeit, Bakterientoxizität etc.) oder der Gefährdung (z. B. hohe Sulfatkonzentration) des Kanalnetzes durch Korrosion etc. zur Verfügung stehen.

Eine wichtige Hilfe bietet er ebenfalls für die Substitution von Stoffen, die die Abwasserbehandlung extrem verteuern oder die Verwertung einer Abfallart aus der Abwasserbehandlung erschweren bzw. durch ihre Eigenschaften Probleme bei der Abwasserbehandlung verursachen. In Notfällen kann schnell auf die Stoffdaten zurückgegriffen werden, um etwaige schädliche Wirkungen (z. B. bakterizide Stoffe in biologischen Kläranlagen) zu begrenzen bzw. zu unterbinden. Für den Aufbau einer Stoffdatenbank bedient man sich der **EU-Sicherheitsdatenblätter** und weiterer Produktinformationen, die auch beim Händler/Lieferant angefragt werden können (Tab. 3.2).

Die **Abwasserstoffdatenbank** liefert wertvolles Hintergrundwissen über das Verhalten der Stoffe im Abwasser. Es empfiehlt sich die Datensammlung zu den Stoffen in Form einer Datenbank (Abwasserstoffdatenbank) anzulegen, damit ein schneller Zugriff erfolgen kann und die Datensätze gemäß den Stoffeinsätzen gepflegt bzw. aktualisiert werden können. Sie allein leistet wertvolle Dienste, wenn ein Problemstoff durch einen Alternativstoff ersetzt werden soll. Ebenso können Stoffe eingegrenzt werden, die ökotoxisch bedenklich oder unter bestimmten Bedingungen sehr geruchsintensiv sind. Welche Stoffeigenschaften bei einem Vorsorgemanagement im Vordergrund stehen, ist abhängig von der jeweils eingerichteten Abwassertechnik. und den betrieblichen Bedingungen.

Der **Szenarienmanager** wiederum dient als Vorwarnsystem. Eine reine Stoffdatenbank ist nur der *erste* Baustein, um die Eigenschaften der verwendeten Stoffe (Chemikalien) in einem Betrieb zu dokumentieren. Sie ist ein Nachschlagewerk für die Stoffeigenschaften. Will man eine Abwasserstoffdatenbank nutzen, um etwaige Gefahren z. B. in Bezug auf eine biologische Kläranlage zu erkennen oder bei einer Abwasserfehlcharge Vermeidungsmaßnahmen ergreifen zu können, wird der Bezug der Stoffdaten zu den jeweiligen Betriebsdaten notwendig. Die Betriebsdaten, z. B. die Menge eines jeden Stoffes im Betriebsablaufsort (z. B. 170 kg Phenol im Kessel A) ermöglichen erst *in Verbindung* mit den Daten der betrieblichen Kläranlage (Volumen), die Konzentration eines Stoffes im z. B. Belebungsbecken zu berechnen. Die betriebsspezifischen Daten können dann zu den

Tab. 3.2 Abwasserpass für Roh-, Hilfs- und Betriebsstoffe

Abwasserpass	
1. Stoffbezeichnung (Handelsprodukt)	
2. Hersteller/Lieferant:	
3. Ort:	
4. Straße/Postfach:	
5. Telefon:	Fax-Nr.
6. E-mail-Adresse	
7. Ansprechpartner:	
8. Verwendungszweck:	
9. Inhaltsstoffe	
10. Hauptbestandteile => 10%	
11. Nebenbestandteile < 10 %	
12. PBT(prioritärer) –Stoffe	
13. Physikalische und chemische Daten	
14. pH-Wert:	
15. Wasserlöslichkeit:	
16. Dichte:	
17. Dampfdruck:	
18. Flammpunkt:	
19. Aromatische Verbindungen:	
20. Stickstoff (N) ges.:	
21. Ammonium:	
22. Nitrat:	
23. Nitrit:	
24. Phosphor ges.:	
25. Phosphat:	
26. Organische Belastung:	
27. Total organic Carbon (TOC)	
28. Chemischer Sauerstoffbedarf (CSB):	
29. Biologischer Sauerstoffbedarf in 5 Tagen (BSB_5):	
30. Biologische Abbaubarkeit:	
31. CSB/BSB_5-Verhältnis:	
32. Statischer Abbautest (Simulation Kläranlage):	
33. Leichte biologische Abbaubarkeit:	
34. Akute Toxizität gegenüber Belebtschlamm aus einer kommunalen Kläranlage:	
35. Sauerstoffverbrauchshemmung:	
36. Nitrifikationshemmtest:	
37. Akute Toxizität gegenüber Wasserorganismen	
38. Wassergefährdungsklasse (WGK):	

Tab. 3.2 (Fortsetzung)

Abwasserpass
39. Akute Fischgiftigkeit:
40. Akute Daphnientoxizität:
41. Akute Algentoxizität:
42. Akute Bakterientoxizität:
43. *Langfristige Ökotoxizität*
44. Langfristige Fischtoxizität:
45. Chronische Daphnientoxizität:
66. Metallkomplexe im Produkt:
47. Komplexierende Stoffe:
48. AOX-Bildner:
49. Waschaktive Substanzen (Tenside):
50. Stark oxidierend:
51. Stark reduzierend:
52. Geruchsintensivität:
53. Recyclefähigkeit des Stoffes:
54. Weitere wichtige abwasserrelevante Eigenschaften:
55. Mögliche Abwasserbehandlungsverfahren:
56. Alternative Ersatzstoffe:

stoffspezifischen Daten (z. B. die akute Bakterientoxizität oder Belebtschlammtoxizität des Stoffes) in Bezug gesetzt werden, um eine Gefährdungsabschätzung vorzunehmen.

Dazu sollten die Betriebsdaten in die Abwasserstoffdatenbank integriert werden. Aus beiden Datenarten (Betriebsdaten und Abwasserpassdaten) können dann über Abfragen verschiedene Szenarien berechnet bzw. simuliert werden. Der Szenarienmanager ist nichts anderes als ein Satz von Datenbankabfragen und einfachen Berechnungen, der den betrieblich Verantwortlichen hilft, Berechnungen in Bezug auf das Abwasserverhalten bestimmter Stoffe zu liefern. Bestehende Datenbanken können über die zum Programm gehörenden Scripte (z. B. VBA) mit den nötigen Abfragen und Berechnungen ausgestattet werden.

Das Datenmaterial basiert auf den Abwasserpassdaten der einzelnen Stoffe und den relevanten Betriebsdaten. Welche Fragen bzw. Szenarien für die Verantwortlichen hilfreich sind, richtet sich nach den betrieblichen Verhältnissen (z. B. Art der Werkskläranlage, Direkt- oder Indirekteinleiter usw.).

Daher müssen **Ziele für** die einzelnen **Szenarien,** auf den Betrieb abgestimmt, definiert werden. Die Ziele bzw. die Fragestellung für die Szenarien können in viele Bereiche unterteilt werden. Als Bespiele können der mögliche Einsatz von neuen Stoffen und die wirtschaftliche Optimierung der Abwasserkosten durch gezielte Stoffauswahl gelten.

Ein weiterer Aspekt, der unter Umständen erst nach Jahren relevant wird, ist ein **Screeningtest für Neustoffe**. Bei Fragestellungen hinsichtlich der Gefahrenabwehr (z. B. für

Tab. 3.3 Beispiel für einen Vergleich der Abwassertoxizität von Neu- und Altstoffen

Stoffe	Einsatzmengen kg die ins Abwasser gelangen	Akute Bakterien-toxizität EC_{10} mg/l	Kläranlage [cbm]	Stoffkonzentrationen in der Kläranlage [mg/l]
Altstoff A	56	150	500	112
Altstoff B	45	134	500	90
Neustoff A	250	250	500	500
Neustoff B	50	150	500	100
Neustoff C	25	100	500	66

Tab. 3.4 CSB-Frachten aus vier Betriebseinheiten

Betriebseinheit	Abwassermenge cbm/Tag	CSB mg/l	CSB-Fracht kg/Tag	Anteil der CSB-Frachten in %
Betriebseinheit A	100	400	40	8,63
Betriebseinheit B	80	600	48	10,36
Betriebseinheit C	150	500	75	16,2
Betriebseinheit D	120	2500	300	64,8
Summe	450		463	

eine biologische Werkskläranlage) steht der Schutz des ungestörten Betriebsablaufes der Kläranlage im Vordergrund. Vor der Einführung neuer Stoffe, die dann betriebsbedingt in das Abwasser gelangen, sollte geprüft werden, ob diese für die Anlage unbedenklich sind. Sind die Mengen der neuen Stoffe sowie ihre Abwasserpassdaten bekannt, kann mit einfachen Computersimulationen eine Abschätzung im Vergleich zu den bisher verwendeten Stoffen durchgeführt werden. In der Tab. 3.3 ist ein Beispiel aufgelistet, das das mögliche Verhalten von zwei Neustoffen im Bezug auf ihre Bakterientoxizität evaluiert. Das Beispiel zeigt, dass bei einer Verbindung zwischen spezifischen Stoffdaten (z. B. Bakterientoxizität des jeweiligen Stoffes) und den jeweiligen Betriebsdaten (Einsatzmenge der Stoffe), die ins Abwasser gelangen und dem Verdünnungsvolumen der Kläranlage, Stoffe erkannt werden, die rein nach dem stoffspezifischen Kriterium (Bakterientoxizität) noch akzeptabel erscheinen, in Verbindung zu ihrer Einsatzmenge allerdings zu einem Problem werden können. In nachfolgenden Untersuchungen (Toxizität gegenüber dem Belebtschlamm der Betriebskläranlage) können dann Stoffe, die von der reinen Toxizitätsberechnung Anlass zur Besorgnis geben, immer noch unter Praxisbedingungen getestet werden.

Nicht nur bei der Vorsorge der Gefahrenabwehr können Szenarienberechnungen der Abwasserinhaltsstoffe wertvolle Dienste erweisen und die Betriebsanalytik ergänzen, sondern auch bei Kostenabschätzungen bezüglich der Abwassergebühren, nämlich durch die **Wirtschaftlichkeitsberechnungen der Abwasserkosten.**

Die Abwasserkosten für Indirekteinleiter können besonders im Falle von Starkverschmutzerzuschlägen ein wichtiger Kostenfaktor bei den Betriebsausgaben sein, fallen

Tab. 3.5 Stoffe der Betriebseinheit D, die ins Abwasser gelangen

Stoff	CSB g/g	Einsatzmengen in kg die pro Tag ins Abwasser gelangen	CSB-Fracht CSB in kg pro Tag
Stoff D1	1,16	25	29
Stoff D2	0,98	270	265

Tab. 3.6 Ersatzstoffe für Betriebseinheit D

Ersatzstoffe	CSB g/g	Einsatzmengen in kg die pro Tag ins Abwasser gelangen	CSB-Fracht CSB in kg pro Tag
Stoff D1A	0,6	20	12
Stoff D2 A	0,5	80	40

z. B. entsprechende CSB-Frachten (Chemischer Sauerstoffbedarf) an. Würden bei Abwasseruntersuchungen in einem Betrieb mit angenommen vier Betriebseinheiten (A, B, C, D) stark unterschiedliche CSB-Frachten gemessen, erhebt sich die Frage, wie kann die *gesamte* CSB-Fracht des Betriebes reduziert werden, um die Abwasserkosten zu senken? In diesem Fall erweist sich ein in die Datenbank mit Szenarienmanager integrierter Abwasserpass der einzelnen Stoffe wiederum als wichtiger Helfer. Um das Beispiel mit den hohen CSB-Frachten weiterzuführen, nehmen wir an, Abwasseruntersuchungen ergeben den Sachverhalt wie er in Tab. 3.4 zusammengefasst ist.

Die Betriebseinheit D liefert fast 65 % der gesamten CSB-Fracht. Bevor kostenintensive innerbetriebliche Maßnahmen (wie z. B. Installation einer separaten Abwasserbehandlung) gestartet werden, lohnt ein Blick auf die Vermeidungsmaßnahmen, mit welchen die gesamt CSB-Fracht verringert werden kann. Die Nützlichkeit einer Datenbank mit Abwasserpassdaten zeigt sich wie folgt. Bei einer Abfrage, welche Stoffe mit welcher CSB-Fracht von der Betriebseinheit D in das Abwasser eingeleitet werden, weist die Datenbank die in Tab. 3.5 zusammengefassten Ergebnisse aus.

Die Recherche nach den CSB-intensiven Stoffen weist also für die Betriebseinheit die Stoffe D1 und D2 aus. Beide bringen eine hohe CSB-Belastung mit und aufgrund der Mengen, die ins Abwasser gelangen, sind sie auch sehr frachtintensiv. In einer zweiten Recherche werden alternative Stoffe auf ihre CSB-Intensität abgefragt. Tab. 3.6 weist Ersatzstoffe, die in der Datenbank gespeichert wären, mit deutlich geringeren CSB-Werten aus. In weiteren Untersuchungen kann nun geklärt werden, ob es sich wirtschaftlich lohnt, eine Stoffumstellung vorzunehmen. Das Beispiel zeigt, wie abrufbare Stoffdaten im Verbund mit den Betriebsdaten eine Entscheidungshilfe bei wirtschaftlichen und technischen Fragen in Bezug auf die Abwasserinhaltsstoffe bieten.

Der Abwasserpass ist ein flexibles Instrument. Er ist ein Hilfsmittel, das in Verbindung mit einer Stoffdatenbank und den zugehörigen Abfragen (Szenarien) die Betriebsanalytik ergänzt. Umfang und Art der abwasserrelevanten Parameter richten sich nach den betrieblichen Belangen. Die in Tab. 3.2 genannten Parameter stellen einen Vorschlag für eine all-

Tab. 3.7 Maßnahmen zur Abwasser- und Abfallvermeidung

Maßnahmen	Nutzen
Pflege von Beizbädern	Standzeitverlängerung der Bäder
Minderung der Badverschleppung	Einsparung von Chemikalien etc.
Mehrfachnutzung der Spülwässer	Frischwasser- und Abwasserverringerung
Rückgewinnung und Rückführung von Badinhaltsstoffen	Einsparung von Chemikalien
Stoffsubstitution	Ersatz für toxische Stoffe durch weniger toxische Stoffe

gemein sinnvolle Grundausstattung dar, können jedoch um weitere ergänzt oder gekürzt werden.

3.3.3 Innerbetriebliche Maßnahmen

Die folgenden Kapitel sollen beschreiben, wie der Produktionsintegrierte Umweltschutz (PIUS) in einem Betrieb umgesetzt werden kann. Hierfür haben sich Check-Listen bewährt, die Möglichkeiten einer betrieblichen Umsetzung aufzeigen. Die nachfolgenden Punkte zeigen die wichtigsten Kriterien für die Abwasser- und Abfallvermeidung in der Produktion und welche Kenngrößen für die Abwasserbehandlung im Nachgang notwendig sind, um die Möglichkeiten und Potenitale der Effizienzsteigerung zu erkennen und zu prüfen.

Innerbetriebliche Maßnahmen zur **Abwasser–** und **Abfallvermeidung**:

- Alternative abwasserfreie Produktionsverfahren
- Substitution von wassergefährdenden Roh-, Hilfs und Betriebsstoffen
- Möglichkeiten der Wassereinsparung durch Verifizierung der Produktionstechnik (Sparspülen)
- Prüfung der Mehrfachnutzung der Prozesswässer ohne/mit Ausbereitung
- Prüfung der Kreislaufführung der Prozesswässer
- Prüfung der Wirtschaftlichkeit der einzelnen Maßnahmen

Kenngrößen der **Abwasserbehandlung:**

- Beschreibung der Anlagen bzw. Anlagen nach Art und Funktion
- Abwasserdurchsatz pro Anlage
- Verbrauchte Energie je Anlage
- Verbrauchte Chemikalien je Anlage
- Abfallanfall je Anlage
- Entsorgungskosten je Anlage
- Alternative Verfahren prüfen

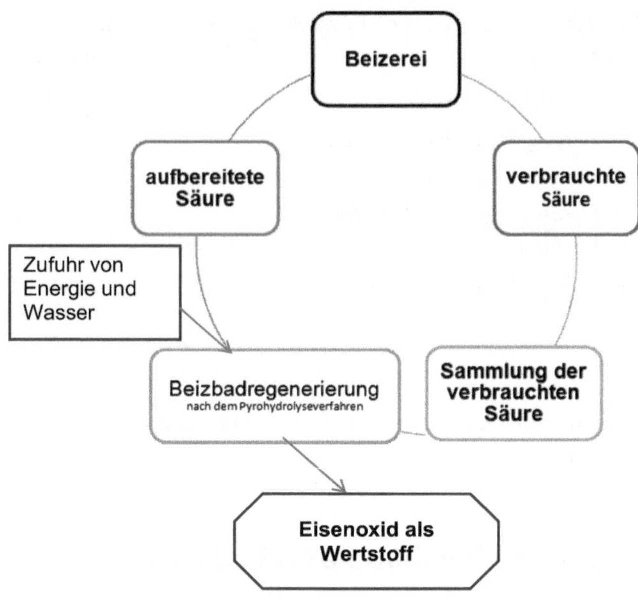

Abb. 3.4 Beizbadregenerierung nach dem Pyrohydrolyseverfahren nach (Mindestanforderungen an das Einleiten von Abwasser in Gewässer 1999, verändert und ergänzt)

Beispiele, Ratschläge und Anregungen zur Abwasser- und Abfallvermeidung können aus dem Anhang 40 der Mindestanforderungen an das Einleiten von Abwasser in Gewässer (1999) für den Bereich Galvanik entnommen werden. Tabellarisch zusammengefasst sind die Maßnahmen und Ergebnisse in Tab. 3.7.

Die Maßnahmen bzw. die Kombination aller Maßnahmen bewirken in ihrer Summe eine Reduzierung hinsichtlich:

- Frischwasserverbrauch
- Abwasseranfall
- Abfall aus der Abwasserbehandlung und
- Einsparung von Chemikalien

Abbildung 3.4 zeigt ein erprobtes Verfahren zum Recycling von Salzsäure mit gleichzeitiger Rückgewinnung von Eisen. Beim Beizen mit Salzsäure (HCl) entsteht Eisen(II)-chlorid, das mit dem Pyrohydrolyseverfahren einer thermischen Umwandlung unterzogen wird. Hierbei wird mittels Wasserdampf und Luftsauerstoff bei einer Temperatur von über 300 °C das Eisen(II)-Chlorid in Salzsäure und Eisen(II)-oxid gespalten. Die Salzsäure wird dem Produktionsprozess und das Eisen einer separaten Verwertung zugeführt. Eine ideale Kreislauftechnik.

Nach der Optimierung einer betrieblichen Wasserwirtschaft hinsichtlich Senkung der *Abwassermengen* und *Schadstofffrachten* bleiben trotzdem Abwässer übrig. Diese müssen einer Behandlung zugeführt werden. Entscheidet sich ein Betrieb für das Abwasserrecycling einzelner oder aller Teilströme des Abwassers, so stellt sich die Frage nach einem

Wasserquellen	Nutzung	Anfall	Behandlung	Entsorgung
Regenwasser (Aufbereitung)	**Prozesswasser/ ungenutzt**	**Dachflächen Hofflächen**	**Überwachung Behandlung**	**Regenwasserkanal Öffentliches Gewässer**
Eigenbrunnen (Aufbereitung)	**Prozesswasser**	**Spülwässer aus Beizerei**	**Behandlung zu: Kreislaufwasser Abwasser**	**Öffentliche Kläranlage**
Öffentliche Gewässer (Aufbereitung	**Kühlwasser**	**Kraftwerk**	**Überwachung Behandlung zu: Wiederverwendung Entsorgung**	**Öffentliches Gewässer**
Stadtwasser (Aufbereitung zu VE-Wasser	**Spülwasser Z.B. Galvanik**	**Entfettung**	**Behandlung zu: Kreislaufwasser Entsorgung**	**Öffentliche Kläranlage**

Abb. 3.5 Wasserwege in einem Betrieb

Konzept zur Kreislaufführung der betreffenden Prozesswässer. Ein solches Konzept sollte folgende Maßnahmen beinhalten:

- Innerbetriebliche Optimierung der Wasserwirtschaft mit dem Ziel eines effizienten Wassereinsatzes (Wassersparen)
- Erfassung der abwasserrelevanten Roh-, Hilfs- und Betriebsstoffe
- Abwassereigenschaften der einzelnen Teilströme erfassen
- Anforderungsprofil(e) an das aufbereitete Prozesswasser bzw. die Prozesswässer erfassen
- Auswahl des Abwasserbehandlungsverfahrens oder verschiedener Abwasserbehandlungsverfahren bzw. derer Kombination

Abbildung 3.5 veranschaulicht die vielen Quellen und komplizierte Wege des Wasserdurchlaufes durch eine Fabrik mit all ihren Entsorgungspfaden. Diese Wege können auf vielerlei Weise angelegt sein. Die Richtung des Durchlaufes jedoch sollte, sowohl beim Wasser als auch bei den eingesetzten Chemikalien, keine Einbahnstraße sein. Denn Kreislaufführung der Prozesswässer bzw. Abwasserrecycling helfen Wasser und Chemikalien effektiver zu nutzen und Kosten zu sparen.

3.4 PIUS-Check

Die Stärken und Schwächen einer Firma in Bezug auf Ihr Ressourcenmanagement zu kennen, ist eine wichtige Grundlage bei der Einführung des Produktionsintegrierten Umweltschutzes (PIUS). Wo Chancen genutzt werden können, um die Abwassermenge zu vermindern, Energie einzusparen und Wertstoff zurückzugewinnen, sind nur einige Fragen, die im PIUS-Check behandelt werden. Die Ergebnisse des PIUS-Checks schlagen sich jedoch nicht nur in der Verbesserung der Umweltbilanz einer Firma nieder, sondern bewirken auch vor allem eine Kostensenkung bei den Ausgaben für die Bereiche Frischwasser, Abwasser, Energie, Rohstoffe und Abfallentsorgung.

PIUS-Check
I **Zielsetzung**
Mit PIUS® können Sie:

- den Rohstoffeinsatz reduzieren
- Produktionskosten senken
- Ausschuss minimieren
- die Produktqualität steigern
- Emissionen vermeiden

II **Durchführung**

- Produktionsabläufe erfassen
- Stoff- und Energieströme erheben
- Spar- und Vermeidungspotentiale prüfen
- Optimierungskonzepte erstellen
- Wirtschaftlichkeitsprüfung durchführen

III **Informationen**

- Effizienz-Agentur NRW (EFA); Mülheimer Str. 100 in 47057 Duisburg; www.efanrw.de
- Produktionsintegrierter Umweltschutz (PIUS); VDI 4075; März 2005; www.vdi.de

Abwasserrecyclingtechniken 4

4.1 Mehrfachnutzung von Prozesswässern

Mehrfachnutzung von Prozesswässern hilft Betrieben, Frischwasser zu sparen und die Abwassermenge zu reduzieren. Beides sind *Kostenfaktoren* für deren Verringerung zahlreiche Möglichkeiten bestehen. Tab. 4.1 bietet eine Einteilung der unterschiedlichen Verwendungsarten von Prozesswässern, die bei der Minimierung des Abwasseranfalls eine Rolle spielen.

Die Einfachnutzung des Prozesswassers mit einmaligen Gebrauch mit anschließender Abwasserentsorgung ist ausgenommen ressourcenintensiv. Der Nutzungsfaktor ist daher sehr gering und die laufenden Kosten vergleichsweise hoch.

Bei der einfachen Mehrfachnutzung *ohne Aufbereitung* wird das belastete Prozesswasser für die selbe oder eine andere Prozesseinheit benutzt, solange die Wasserqualität den jeweiligen Anforderungen entspricht. Als Beispiel sei eine Kaskadenspülung angeführt dienen, hier wird das Prozesswasser innerhalb des Spülvorganges mehrfach verwendet. Möglich ist auch die Separierung des Prozesswassers aus dem letzten Spülgang, das für den Vorspülgang eingesetzt wird.

Die wäre eine Mehrfachnutzung ohne jegliche Aufbereitung.

Die Mehrfachnutzung *mit Aufbereitung* kann man weiter unterscheiden nach dem Grad der Aufbereitung, etwa zwischen einer einstufigen Behandlung (z. B. Mikrofiltration) oder einer mehrstufigen Aufbereitung (z. B. Mikrofiltration und Umkehrosmose). Die Art der Aufbereitung ist abhängig von der qualitativen Belastung des anfallenden Prozesswasser (Abwasser) sowie seiner Menge und dem Qualitätsanspruch an das Prozesswasser in Bezug auf seine Wiederverwertung. Natürlich gibt es Kombinationen zwischen der Mehrfachnutzung mit und ohne Aufbereitung, z. B. in Verbindung mit einer zentralen Aufbereitung bei anschließender Wiederverwendung als Prozesswasser (Kreislaufführung). Bei der Wahl der jeweiligen Verfahren gibt es oft sehr viele Kombinationsmöglichkeiten, die abhängig sind von den betrieblichen Verhältnissen, den Anforderungen an die Qualität der einzelnen Prozesswässer sowie der Wirtschaftlichkeit des gesamten Prozesses.

R. Stiefel, *Abwasserrecycling und Regenwassernutzung*,
DOI 10.1007/978-3-658-01040-9_4, © Springer Fachmedien Wiesbaden 2014

Tab. 4.1 Einteilung der Nutzung von Prozesswässern

Bezeichnung	Verfahren
Einfachnutzung	Das Prozesswasser wird nur einmal benutzt und dann als Abwasser entsorgt
Mehrfachnutzung	
Einfache Mehrfachnutzung ohne Aufbereitung	Das Prozesswasser wird ohne jegliche Behandlung im Betrieb mehrfach benutzt und dann als Abwasser entsorgt.
Mehrfachnutzung mit Aufbereitung	Das benutzte Prozesswasser wird aufbereitet, und wieder als Prozesswasser im Betrieb benutzt und dann als Abwasser entsorgt
Kreislaufführung der Prozesswässer	
Dezentrale Kreislaufführung	Das benutzte Prozesswasser wird aufbereitet und direkt zur gleichen Fertigungsstufe zurückgeführt. Es fällt kein Abwasser an
Zentrale Kreislaufführung	Die benutzten Prozesswässer aus mehreren Fertigungsstufen werden gesammelt und gemeinsam aufbereitet und als Prozesswässer wieder verwendet. Es fällt kein Abwasser an.
Kombination Mehrfachnutzung mit Kreislaufführung	Prozesswässer werden mehrfach genutzt – mit oder ohne Aufbereitung – und danach gesammelt, aufbereitet und wieder als Prozesswässer benutzt. Es fällt kein Abwasser an.

4.2 Abwasseraufbereitung versus Abwassereinleitung

Die Antwort auf die Frage nach den geeigneten Abwasserrecyclingtechniken für einen bestimmten Betrieb führt zwangsläufig auf die Abwasserbehandlungsverfahren, die spezifisch für diese Branche zur Verfügung stehen.

Von dieser Regel nimmt sich die Zielsetzung der Reinigungsleistung aus. Während bei der herkömmlichen End-of-pipe-Technik die Reinigungsleistung meist an der Einhaltung der gesetzlichen Vorgaben (z. B. Abwasserbescheid oder Satzung einer öffentlichen Kläranlage) ausgerichtet ist, gelten beim Abwasserrecycling andere Anforderungen.

Tab. 4.2 verdeutlicht die Unterschiede in den Wasserströmen zwischen der End-of-pipe-Technik, bei der das behandelte Abwasser in ein Fließgewässer oder eine öffentliche Kläranlage eingeleitet wird, im Gegensatz zur Rückführung in die Produktion beim Abwasserrecycling. Der wesentliche Unterschied besteht *nicht nur* in den gegenläufigen Richtungen der Wasserströme, sondern insbesondere in den Anforderungen an die Behandlung des Abwassers. Während bei der End-of-pipe-Technik das Wasser auch nach der Behandlung Abwasser bleibt und entsorgt wird, wird es beim Abwasserrecycling wieder zum Prozesswasser und wird als solches erneut genutzt. Die Anforderungen an die Qualität des behandelten Abwassers richten sich bei der End-of-pipe-Technik nach strengen

Tab. 4.2 Unterschiede der Anforderungen an die Abwasserbehandlung beim Abwasserrecycling gegenüber der End-of-pipe-Technik

End-of-pipe-Technik	Abwasserrecycling
Frischwasserbezug	
Externe oder interne Quelle (z. B. Stadtwasser oder Brunnen)	Kreislaufwasser (Prozesswasser) (aufbereitetes Abwasser)
Anforderungen an das Prozesswasser	
werkseitig (z. B. VE-Wasser)	werkseitig (z. B. VE-Wasser)
Nutzung des Prozesswassers	
Produktion	Produktion
Abwasseranfall	
Ableitung zur Abwasserbehandlung	Ableitung zur Abwasserbehandlung
Anforderungen an die Abwasserbehandlung	
z. B. Anforderungen v. Einleiterbescheid, Entwässerungssatzung etc.	Qualität: werkseitige Vorgabe z. B. VE-Wasser
Ablauf	
z. B. Fließgewässer oder öffentliche Kläranlage	Rücklauf in die Produktion

gesetzlichen Vorgaben hinsichtlich der Einleitung in ein Fließgewässer oder eine öffentliche Kläranlage, wie sie im Einleiterbescheid umgesetzt sind. Beim Abwasserrecycling hingegen orientieren sich die Vorgaben der Abwasseraufbereitung an den Qualitätsansprüchen der Produktion.

4.3 Techniken zur Kreislaufführung (Abwasserrecycling)

Die eingesetzten Techniken sind branchenspezifisch und selbst innerhalb der gleichen Branchen existieren oft, bedingt durch die Vielfalt der Produktionsverfahren, unterschiedliche Möglichkeiten bei der Auswahl der Verfahrenstechniken bzw. ihrer Kombinationen. Da hier insbesondere das Abwasserrecycling der Prozesswässer behandelt werden soll, können wir uns auf die Techniken konzentrieren, die zur Aufbereitung der belasteten Prozesswässer dienen. Es sind überwiegend die Abwassertechniken, die aus der End-of-pipe-Technologie bekannt sind.Grundlagen und Wirkungsweisen der Abwassertechnik sind in der einschlägigen Fachliteratur beschrieben, dort werden unterschiedliche Techniken ausführlich erklärt (z. B. Hartinger 1991 oder Hosang und Bischof (1998)).

Abb. 4.1 zeigt, wie die Einzelverfahren untereinander in Beziehung stehen und miteinander verknüpft werden können. Dies ist nur für eine Branche ein Ausschnitt aus der Vielzahl der Abwasserbehandlungsverfahren, die für das industrielle Abwasser zur Verfügung stehen. Die einzelnen Verfahren (z. B. biologische Abwasserbehandlung) sind wiederum in zahlreiche Verfahrensarten unterteilt und können mit einer Anzahl unterschiedlicher Modifikationen an spezielle Bedürfnisse angepasst werden.

Prinzip	Verfahren				
Mechanische und thermische Verfahren	Filtration	Ultra-filtration	Umkehr-osmose	Verdampfung	Thermische Spaltung
Physikalische Verfahren	Sedimen-tation	Dialyse	Osmose	Verdunstung	
Physikalisch-chemische und chemische Verfahren	Elektrolyse	Elektro-dialyse	Ionenaus-tausch	chemische Fällung	chemische Umwand-lung
Physikalische Verfahren	Adsorption		Extraktion	Kristalli-sation	

Abb. 4.1 Recyclingverfahren in der metallverarbeitenden Industrie und ihre Beziehungen nach Hartinger (1991)

Es stellt sich daher für jeden Betrieb die Frage nach der Auswahl geeigneter Verfahren bei der Einführung des Abwasserrecyclings. Doch was qualifiziert geeignete Verfahren? Rein technisch gesehen sind es alle Verfahren, die das betriebliche Abwasser soweit aufbereiten, dass die Qualität den betrieblichen Anforderungen als Prozesswasser genügt. Bei der Auswahl der Abwasserverfahren spielt jedoch außer den technischen Komponenten die Wirtschaftlichkeit eines Verfahrens eine wichtige Rolle. Bei der Findung eines effizienten Verfahrens für das Abwasserrecycling eines Betriebes kann für eine Lösungsstrategie der Vergleich mit dem königlichen Spiel „**Schach**" herangezogen werden.

Als Beispiel soll ein organisch stark belastetes Abwasser aus einem Betrieb der Lebensmittelindustrie, das bisher mit Starkverschmutzerzuschlag der örtlichen Kläranlage zugeleitet wurde, und nun aus wirtschaftlichen Gründen dem Abwasserrecycling zugeführt werden.

Hybrid-Abwasserbehandlung kombiniert verschiedene Verfahren.

Tab. 4.3 zeigt einem Schachbrett ähnlich verschiedene Abwasserbehandlungsverfahren, die kombiniert werden können, um das Abwasser soweit zu behandeln, dass es als Prozesswasser wieder der Produktion zugeführt werden kann. In der linken (Abwasser) und der rechten Spalte (Qualitätsanforderungen an das Prozesswasser) sehen wir vorgegebene Ausgangssituationen. Das Abwasser, insbesondere die Eigenschaften wie Menge und Belastung sind betriebsbedingte Parameter, ebenso die Anforderungen an die Qualität des Prozesswassers.

Dem Betrieb steht es offen durch innerbetriebliche Maßnahmen (z. B. Vermeidung bakterientoxischer Stoffe etc.) und Wassereinsparung die eigene Abwassersituation zu verbessern. Biologisch gut behandelbares Wasser kann biologisch aufbereitet werden, um anschließend mit weiteren Verfahren wie Membrantechnik und/oder Ozonierung/UV etc. ein brauchbares Prozesswasser zu erhalten, allerdings sind durch die Qualitätsanforderungen oft enge Grenzen gesetzt. Der Kunst des Anlagenbauers obliegt es dann, aus den Vorgaben (Abwasserbeschaffenheit und Qualitätsanforderungen) mit Hilfe der Kombination

Tab. 4.3 Verfahrenskombinationen für das Abwasserrecycling eines organisch stark belasten Abwassers

Abwasser-anfall	Verfahren					Qualitätsan-forderungen
150 cbm/ Tag	Biologische Verfahren	Aerob	Anaerob			Prozess-was-ser
						pH-Wert 7-8,5
	Membran-technik	Mykro-fil-tra-tion	Ultrafil-tration	Nanofil-tration	Umkehr-osmose	CSB < 30 mg/l
Belastung	Physi-kalische Verfahren	Siebung	UV			BSB_5 < 5 mg/l
CSB 1500 mg/l	Chemische Verfahren	Neutra-lisation	Ozonierung			

von verschiedenen Einzelverfahren ein technisch einwandfreies Gesamtkonzept zu entwickeln, das in seiner Gesamtheit den Kriterien

- Investitionskosten
- Betriebskosten
- Sicherheit der Abwasserbehandlung und
- Flexibilität bei Änderungen der Abwasserverhältnisse

des Betriebes gerecht wird. Der Anlagenbauer befindet sich hier in der Rolle eines Schachspielers, der mit seinen Figuren verschiedene Strategien (Technische Lösung und Wirtschaftlichkeit) austariert und der schließlich mit einigen genialen Zügen (Anlagenkombinationen) versucht, das Spiel zu gewinnen, indem er sowohl die technische als auch wirtschaftliche Effizienz des Verfahrens optimiert.

4.4 Wirtschaftlichkeit

4.4.1 Wasserpreise (Rohstoffbezug)

Wasserpreise sind ein wichtiger Faktor bei der Kostenberechnung der betrieblichen Wasserwirtschaft. Vor allem Betriebe, die ihr Frischwasser nicht aus eigenen Quellen beziehen, sind den Belastungen und Schwankungen der Frischwasserpreise ausgesetzt.

"Wasserpreise- Fragen & Antworten" (Koch 2008), so lautet eine Auflistung , die aufzeigt, welche Fragen um oder über die Wasserpreise zur Diskussion stehen. Informationen über die Wasserpreise in Deutschland werden z. T. sehr kontrovers diskutiert:

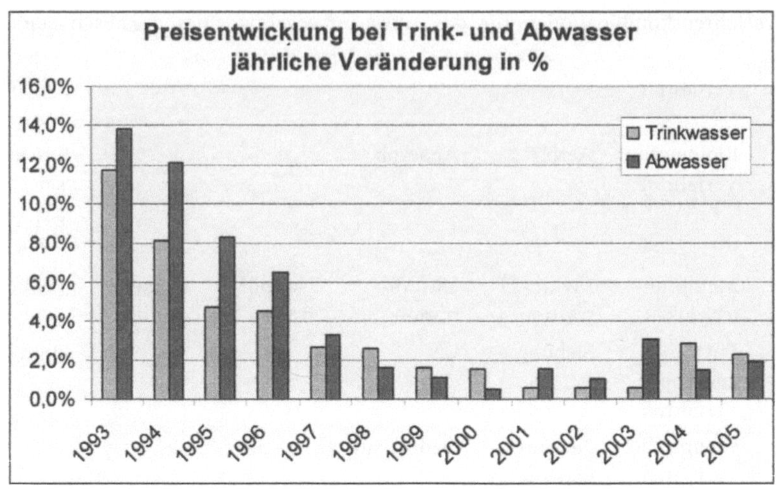

Abb. 4.2 Preisentwicklung zwischen 1993 und 2005 (Hillenbrand 2008)

Wichtige Fragen zu Wasserpreisen
Wie hoch ist der aktuelle Wasserpreis?
Wie hat sich der Wasserpreis entwickelt?
Wie hat sich der Wasserpreis 2007 in den neuen und alten Bundesländern gegenüber dem Vorjahr entwickelt?
Wie ist die Bandbreite der Wasserpreise?
Wie viel gibt jeder Bürger für Trinkwasser aus?
Warum sind internationale Wasserpreisvergleiche irreführend?
Sind deutsche Wasserpreise kostendeckend?
Wieso sind die Wasserpreise unterschiedlich?
Was sind die Grundsätze der Wasserpreisbildung?
Wo erhalte ich weitere Informationen über die Wasserpreise deutscher Wasserversorgungsunternehmen? (Koch 2008)

Die Preisentwicklung der öffentlichen Wasserver- und Abwasserentsorgung seit 1993 ist in Abb. 4.2 dargestellt, es zeigt hohe Preissteigerungen von über 4 % bis 1997, ab 1997 geringere von unter 2 % und seit 2003 wieder eine etwas steigende Tendenz. Die künftige Entwicklung der Preise ist von verschiedenen Faktoren abhängig. Hierzu zählen:

- „Auswirkungen des zu erwartenden *Rückgangs des öffentlichen Wasserverbrauchs* aufgrund des demographischen Wandels. Die lokal sich sehr unterschiedlich entwickelnde, insgesamt aber deutlich zurückgehende Bevölkerungszahl in Deutschland bedeutet, dass die mit dem Wasserinfrastruktursystem verbundenen fixen Kosten auf eine geringer werdende Nutzerzahl verteilt werden muss.

Aufgrund des *hohen Fixkostenanteils* bei der öffentlichen Wasserver und entsorgung von ca. 80 % sind steigende spezifische Wasserpreise zu erwarten.

- Umsetzung der *Modernisierungsstrategie* zur Verbesserung der Effizienz und der Wettbewerbsfähigkeit der deutschen Wasserwirtschaft
- Umgang mit dem hohen *Sanierungsbedarf* vor allem im Bereich der öffentlichen Netze.
- Umsetzung der *Anforderung der WRRL* nach Berücksichtigung der Umwelt und Ressourcenkosten, wodurch sich zumindest mittelfristig die Wasserbezugskosten erhöhen könnten.

Aufgrund dieser zum Teil gegenläufig wirkenden Faktoren ist es sehr schwierig vorherzusehen, wie sich die Preise zukünftig entwickeln werden. Insbesondere aufgrund der regional bzw. lokal sehr unterschiedlichen Auswirkungen des demographischen Wandels wird auch die Entwicklung der spezifischen Preise für Wasser und Abwasser je nach Region sehr unterschiedlich ausfallen."(Hillenbrand 2008).

4.4.2 Abwasserpreise (Entsorgung)

Eine zweite wichtige Größe der betrieblichen Abwasserwirtschaft sind die Abwassergebühren der Kommunen und Verbände. Das sind jene Preise, die die Indirekteinleiter (Einleiter in eine öffentliche Kläranlage), welche die große Mehrheit der Einleiter repräsentieren, an die öffentlichen Kläranlagen (Gemeinden, Verbände etc.) für ihre Einleitung entrichten. Das Institut der deutschen Wirtschaft Köln Consult GmbH (IW Consult 2008) hat im Auftrag der Initiative Neue Soziale Marktwirtschaft (INSM) die Abwassergebühren der nach Einwohnern 100 größten Städte in Deutschland untersucht. Für diesen Vergleich wurden die Schmutz und Niederschlagsgebühren erhoben, die für eine Musterfamilie in den jeweiligen Städten jährlich anfallen. Diese Erhebung wurde zwar für Privathaushalte durchgeführt und kann nicht direkt mit gewerblichen Einleitern verglichen werden, sie verdeutlicht aber die Unterschiede hinsichtlich der Kostenstruktur in den Abwasserpreisen innerhalb Deutschlands. Sie ist insofern nützlich, da sich diese Struktur auch bei der Einleitung gewerblicher Abwässer durchpaust. Der Vergleich ist in Tab. 4.4 wiedergegeben.

> Die angegebenen Kosten setzen sich aus den Schmutzwasser- und Niederschlagswassergebühren, sowie möglicher Grundgebühren und Kanalbaubeiträgen zusammen. Sie resultieren aus einem jährlichen Frischwasserverbrauch der vierköpfigen Musterfamilie von 184 m^3 und von einem Wohnhaus mit 120 m^2 Wohnfläche und 200 m^2 Grundfläche bei 100 m^2 versiegelter abflusswirksamer Fläche. (INSM Entsorgungsmonitor 2008)

Es wurden jeweils, bezogen auf ein Musterhaus einer vierköpfigen Familie, im Rahmen der erwähnten Studie die Abwassergebühren in 100 Städten Deutschlands berechnet (Institut der deutschen Wirtschaft Köln Consult GmbH INSM Abwassermonitor 2008). In der vorliegenden Tab. 4.5 sind die Top 10 und Low 10 dieser Studie zusammengefasst. Die Untersuchung zeigt deutlich, wie stark die Abwassergebühren für Indirekteinleiter innerhalb Deutschlands schwanken können. Ein Einleiter sollte daher die Entwicklung der Ab-

Tab. 4.4 Abwassergebühren eines Musterhauses nach (INSM Abwassermonitor 2008)

Jährliche Abwassergebühren Top 10/ LOW 10					
Rang	Stadt	Jährliche Kosten €	Rang	Stadt	Jährliche Kosten €
Rang	Stadt	Jährliche Kosten €	Rang	Stadt	Jährliche Kosten €
1	Karlsruhe	226,32	91	Berlin	673,14
2	Augsburg	245,28	92	Velbert	679,08
3	Freiburg (im Breisgau)	283,31	93	Saarbrücken	680,55
4	Erlangen	287,37	94	Neuss	681,13
5	Heidelberg	291,59	95	Halle (Saale)	703,20
6	Trier	318,62	96	Cottbus	727,54
7	Herne	321,24	97	Mönchengladbach	728,75
8	Regensburg	322,88	98	Moers	743,36
9	Stuttgart	323,56	99	Wuppertal	759,08
10	Ingolstadt	323,67	100	Potsdam	786,48

wasserkosten genau beobachten und seine Kosten mit den Abwassergebühren innerhalb der Branche vergleichen.

Direkteinleiter hingegen müssen die Entwicklung der Abwassergebührensätze für die einzelnen Schadstoffeinheiten verfolgen, um rechtzeitig Maßnahmen ergreifen zu können.

4.4.3 Abschätzung der Wirtschaftlichkeit

Wirtschaftlichkeitsberechnungen hinsichtlich der Abwassergebühren und der Kosten für innerbetriebliche Maßnahmen zur Abwasservermeidung erfahren eine hohe Brisanz. Dies verdeutlicht das Beispiel aus einem Vortrag, der auf der Fachtagung der VSA-Kommission „Industrie und Gewerbe (20. Juni 2008 in Emmenbrücke, CH) gehalten wurde:

Zum Thema Wirtschaftlichkeit der Wiederverwendung von Wasser wurden vorweg folgende wichtige Faktoren genannt:

- Steigerung der Produktionskosten durch steigende Frisch- und Abwassergebühren
- Beachtung der Starkverschmutzerzuschläge bei:

1. CSB
2. BSB5,
3. Stickstoff- und Phosphorgehalten

Tab. 4.5 Betriebskostenvergleich nach EFA Nordrhein-Westfalen (2008). Beispiel: 500 Motorwäschen Großfahrzeuge jährlich und entsprechende Teilreinigung

A. mit Abwasser über Abscheiderkette

Kaltreiniger	1500 L	a	2.00 €	3.000 €
Wasser	250 m³	a	2.20 €	550 €
Abwasser	250 m³	a	4,40 €	1.100 €
Abscheiderentsorgung	20 m³	a	500 €	10000 €
Summe				14.650 €

B. Abwasserfrei mit KUPS 1000

Kaltreiniger	150 L	a	2.00 €	300 €
Wasser	25 m³	a	2.20 €	55 €
Abwasser	0			0
Filterflies	½ Rolle	a	154.00 €	77 €
Strom	385 KW	a	0,20 €	77 €
Entsorgung	0			0
Öl/Fett/Wachs	0,5 m³	a	100 €	50 €
Schlammfangents.	1 m³	a	500 €	500 €
Summe				1059 €
Investitionskosten	**95.000 €**			
Zuschuss für die Maßnahmen	**47.750 €**			

- Innerbetriebliche Maßnahmen zur Reduzierung von Abwassermengen und frachten
- Stoffauswahl bei Reinigungs- und Desinfektionsmittel

Die Problematik der Wirtschaftlichkeit zeigt sich an folgendem Beispiel sehr schön:

„Die wichtigsten Faktoren für die Wirtschaftlichkeit der Wiederverwendung von Wasser in Deutschland sind die Kosten für den Frischwassereinsatz und die Abwasserbehandlung. Die Wasserversorgung kann mit ca. 1,75 €/m³ angesetzt werden, während eine End-of-pipe- Behandlung die Industrie zwischen 1,5 und 5 €/m³, abhängig von der Konzentration und der eingesetzten Technik, kostet. Der Wiedereinsatz hängt ebenso von der Konzentration und der eingesetzten Technik ab. Für eine Teilstrombehandlung mit Membrantechnologie belaufen sich diese Kosten auf 2 bis 5 €/m³ Permeat. Demnach muss in jeder Stufe untersucht werden ob die notwendige Qualität für eine Wiederverwendung des Wassers mit der jeweiligen Technologie erreicht werden kann und inwieweit die Desinfektion die hygienischen Anforderungen erfüllen kann. Letztendlich muss der Kostenbilanz entnommen werden, ob der Wiedereinsatz des Wassers eine wirtschaftliche Alternative zur end-of-pipe Technologie dargestellt." (Rosenwinkel et al. 2008).

Abwasserkostenvergleiche lassen sich oft sehr übersichtlich in Form einer oder mehrerer Tabellen darstellen, die die relevanten Kostenangaben beinhalten. In der Tab. 4.5 ist als Beispiel ein Förderprojekt aus der „Initiative ökologische und nachhaltige Wasserwirtschaft NRW (Effizienzagentur NRW 2011) vereinfacht dargestellt. Es zeigt auf einen Blick die Veränderungen innerhalb der Abwasserkostenstruktur am Beispiel einer Motorwaschanlage.

Weitere Angaben zum Preisvergleich können im Kap. 5.1.5 entnommen werden.

„Abwasserfeie Kreislaufführung von Prozesswasser ist wirtschaftlich" (Freund 2010), so lautet die Überschrift eines Fachartikels, der die Vorteile der Vakuumdestillation erläutert. Er weist sehr anschaulich auf die Vielfalt der Kriterien hin, die bei der Betrachtung der Wirtschaftlichkeit einer Kreislaufführung beachtet werden sollten:

- Qualitätsanforderung an das Prozesswasser
- Investitionskosten
- Betriebskosten der Anlage
- Zuverlässigkeit der Anlage
- Flexibilität der Anlage hinsichtlich Änderungen des Abwassers oder Qualitätsanforderungen

Beachtet werden müssen ferne der Platzbedarf für eine Anlage und die Amortisationszeit als wichtige Kriterien.

4.5 Wasser als Standortfaktor

> „Rohstoff Wasser wird zum Standortfaktor in den Niederlanden – Wiederaufarbeitung und Kreislaufführung stärken Wettbewerbsfähigkeit" (Amsterdam Sep 26, 2006).

Diese Pressenotiz aus dem Hause Siemens macht schon in ihrem Titel deutlich, welche Herausforderung in Bezug auf eine effiziente Wassernutzung die gewerbliche Wirtschaft erwartet.

Selbst im „Wasserland" Niederlande ist Wasser ein vieldiskutiertes Thema bei Kommunen und in der Industrie. „Wasserverbrauch, immer strengere Auflagen und höhere Abwassergebühren werden zunehmend zu einem Kostenfaktor, der die Wettbewerbsfähigkeit von Industrie und Gewerbe prägen und Haushalte noch stärker als heute belastet", prognostizierte Christian Mehlberg, Leiter Siemens Water Technologies (WT) in den Niederlanden anlässlich der Messe Aquatech. Europa hat heute schon weltweit die höchsten Wasserpreise und in einigen Ländern steigen die Wasser- und Abwasserpreise stärker als die Inflationsraten. Seine Zukunftsprognose ist sehr eindeutig. Der Frischwasserbezug und die Abwasserentsorgung wird teurer werden, da die Anforderungen stetig steigen. Ferner führt er hierzu aus:

„Dieser Trend wird sich künftig fortsetzen und auch die Wettbewerbsfähigkeit der Unternehmen treffen." Mehlberg (2006) erwartet, dass in den Niederlanden in Zukunft Kommunen und vor allem die Industrie mehr in die Wasser- und Abwasseraufbereitung investieren müssen als bisher

Lösungen mit einer effizienten Abwasserbehandlung und durch den Aufbau geschlossener Wasserkreisläufe könnten der Industrie nachhaltig Wachstum sichern und zugleich die Umwelt schützen. Ein breites Angebot von Prozess und Automatisierungslösungen stehe hierfür zur Verfügung. Wiederaufbereitung und der Aufbau von geschlossenen Wasserkreisläufen in der Industrie böten Möglichkeiten den Rohstoff Wasser effizienter zu nutzen und zugleich nicht nur die steigenden Abwassergebühren und den Frischwasserkosten zu begegnen, sondern auf neue Gesetze und Auflagen einzuhalten, betonte Mehlberg weiter.

Wasser wird nicht nur zum unverzichtbaren Rohstoff für die Industrie, sondern direkt zu einer Frage des *Standortvorteils*. Sehr verkürzt lässt sich daraus ableiten:

Ohne sichere Wasserversorgung und Abwasserentsorgung kein sicherer Standort, was gleichbedeutend ist mit der Produktion an diesem Standort.

Daher sollten die Möglichkeiten zunächst mit Bordmitteln die betriebliche Wasserwirtschaft zu testen, Schwachstellen zu erkennen und Optimierungsbedarf zu eruieren wahrgenommen werden. Checklisten, die im Folgenden Kapitel vorgestellt werden, sind für ein Betriebsaudit sehr hilfreich. Diese erfordern zwar vorab wertvolle Arbeitszeit, die sich jedoch sehr schnell amortisieren kann.

In einigen Bundesländer unterstützen Beratungsagenturen (z. B. Effizienzagentur – EfA – in Nordrhein-Westfalen) die Betriebe mit Beratungshilfe bei der Lösung dieser Aufgaben. Für die Frage: Wer, was in welchem Bundesland fördert, ist eine Nachfrage bei der örtlichen Industrie und-Handelskammer (IHK) hilfreich.

4.6 Betriebs -Audit Prozesswasser (Checkliste)

Ein gutes Wassermanagement, das sowohl die Frisch- als auch die Prozess- und Abwässer beinhaltet, basiert auf fundiertem Datenmaterial. Aufbauend auf dem Datenstamm der innerbetrieblichen Wasserverhältnisse können über Vergleiche Schwachstellen hinsichtlich des Wasserverbrauchs und der Nutzung des Wassers offengelegt werden. Das Erkennen von Schwachstellen dient anschließend als Basis für die Optimierung der betrieblichen Wasserwirtschaft.

Die vorliegende Checkliste dient als Hilfsinstrument für die betriebliche Wasserwirtschaft. Die Checkliste bietet in der vorliegenden Form nur Orientierungen an, sie wird jeweils an die Bedürfnisse des Betriebes bzw. der entsprechenden Branche angepasst werden müssen. Das heißt, Teile die für die Branche bzw. den Betrieb nicht relevant sind, können ausgelassen werden. Umgekehrt können Teile hinzugefügt werden, wenn sie für den Betrieb von besonderer Wichtigkeit sind. Dies trifft auch für die Zielvorgaben zu. So können Ziele rein betriebsspezifisch oder branchentypisch sein. Das Betriebs-Audit ist auch ein Instrument, um sich auf neu gesetzliche Auflagen einzustellen. Es dient als Testumgebung, ob neue Auflagen problemlos erfüllt werden können. Bezüglich der Informationsbeschaffung neuer Anforderungen ist ein enger Kontakt zum jeweiligen Fachverband hilfreich.

Die Checkliste unterteilt sich in die drei Bereiche:

- Bestandsaufnahme der betrieblichen Wasserverhältnisse
- Schwachstellenanalyse
- Hinweise zur Optimierung der innerbetrieblichen Wasserwirtschaft

Zunächst werden alle wasserrelevanten Daten bilanziert, das heißt, sie werden ohne Bewertung nur als reine Fakten erhoben. Dabei sollte jede einzelne Betriebseinheit als auch der Gesamtbetrieb hinsichtlich Wasserverbrauch, Wassernutzung und Abwasseranfall systematisch erfasst werden.

Die reine Bestandsaufnahme sollte durch Zielvorgaben ergänzt werden, um die innerbetriebliche Wasserwirtschaft zu optimieren. Diese können in verschiedene Bereiche untergliedert werden. Die Zielvorgaben des Betriebs-Audits orientieren sich an den Leitlinien des Produktionsintegrierten Umweltschutzes (PIUS):

$$Vermeidung \gg Verwertung \ll Entsorgung$$

Für die Optimierung der Prozesswasserwirtschaft würden sich hierzu folgende Zielvorgaben anbieten.

Zielvorgaben: Betriebs-Audit Prozesswasser

- Frischwasser einsparen
- Regenwassernutzung prüfen
- Prozesswasser mehrfach benutzen
- Abwasseranfall verringern
- Verwertung von Reststoffen aus dem Abwasser
- Abfall der Abwasserbehandlung verringern
- Verwertung der Abwasserenergie
- Abwasserentsorgungskosten reduzieren
- Sichere Einhaltung gesetzlicher Auflagen
- Wirtschaftlichkeit

Prozesswasser (Checkliste)

1. Betrieb/Firma:
   1. Adresse:
   2. Telefon:
   3. Fax:
   4. E-Mail-Adresse:
   5. Betrieblich Verantwortlicher:
   6. Ansprechpartner:
   7. Gewässerschutzbeauftragter:
   8. Branche:
   9. Lageplan des Betriebes:
2. Behördenmanagement:
   a. 2.1.1 Zuständige Behörden:
   b. 2.1.2 Adressen:
   c. 2.1.3 Ansprechpartner:
   d. 2.1.4 Telefon:
   e. 2.1.5 Einleiterbescheid/ behördliche Auflagen:
   f. 2.2. Örtliche Kläranlage bei Indirekteinleitern:
   g. 2.2.2 Adressen:
   h. 2.2.3 Ansprechpartner:
   i. 2.3.4 Telefon:
   j. 2.2.5 Entwässerungssatzung , Auflagen, Verträge etc.:

   Wichtig sind hier die behördlichen Auflagen (Einleiterbescheid) bezüglich der Einleiterbedingungen, was auch die Überwachung einschließt sowie etwaige Starkverschmutzerzuschläge oder sonstige vertragliche Vereinbarungen mit der Gemeinde (Kläranlage).
3. Landeswassergesetze/Verordnungen
   (z. B. Indirekteinleiterverordnung/ Niederschlagswasserregelungen etc.)
   Es wird empfohlen, sich über dem neusten Stand gemäß den Entwicklungen der gesetzlichen Anforderungen zu informieren. Quellen hierzu sind Fachverbände, IHK , Internetrecherchen und Fachzeitschriften etc.
4. Produktion des Betriebes
   a. 4.1 Kurze Beschreibung der Produktion nach Art und Menge (Skizze Produktionsabläufe, Kanalnetze im Betrieb, Einleiterstellen)

   Die Beschreibung der Produktion sollte sich an den abwasserrelevanten Fakten orientieren. Die Betriebsdaten sollten ständig aktualisiert werden, um eine enge Relation zur betrieblichen Wasserwirtschaft zu gewährleisten. Geplante Änderungen in den Produktionsabläufen sollten vor ihrer Einführung mit den Fachleuten der Abwasserbehandlung besprochen werden, um rechtzeitig die möglichen Auswirkungen auf das Abwasser abschätzen zu können.

5. Frischwasserversorgung des Betriebes
Für diesen Punkt werden in den folgenden Abschnitten für die Bestandsaufnahmen eine Reihe von Tabellen vorgestellt, um möglichst alle relevanten Daten der innerbetrieblichen Wasserwirtschaft zu erfassen und zu dokumentieren. Das vorliegende Betriebs-Audit beinhaltet außer der reinen Bestandsaufnahme auch einen Optimierungspart der innerbetrieblichen Wasserwirtschaft. Dieser bedingt, dass sehr viele Vergleiche zwischen den einzelnen Betriebseinheiten oder Abwasserarten etc. durchgeführt werden. Es ist daher empfehlenswert die Tabellen mittels kalkulatorischer Programme (z. B. Microsoft Excel o. ä.) zu erstellen. Diese Programme haben den Vorteil, dass bei wiederkehrenden Audits die Veränderungen direkt in Zahlen dokumentiert werden und die Zahlen graphisch präsent sind.

a. Wasserbezug im Gesamtbetrieb

Wasserart	cbm/Jahr
Frischwasser (Stadtwasser)	
Brunnenwasser eigene Brunnen	
Oberflächenwasserentnahme Fluss/See	
Regenwassernutzung	
Sonstige	

Der Wasserbezug des Betriebes soll eine Übersicht geben über die einzelnen Wasserarten bzw. deren Mengen, die innerbetrieblich verwendet werden. Dies Zahlen können noch ergänzt werden durch die laufenden Kosten.

b. Wasseraufbereitung im Betrieb

Wasseraufbereitung	**cbm/Jahr**

(z. B. Herstellung von VE-Wasser, Aufbereitung von Flusswasser zu Kühlwasser mittels Sandfiltration etc.)
Die innerbetriebliche Aufbereitung von Wasser jeglicher Art ist mit Kosten verbunden, es ist daher erforderlich zu den reinen Wasserzahlen jeweils die zugehörigen Kosten zu erfassen. Diese Erhebungen dienen als Entscheidungshilfen für die Einführung möglicher Recyclingtechniken im Hinblick auf geschlossene Wasserkreisläufe.

6. Produktionseinheiten des Betriebes
   (Die einzelnen Produktionseinheiten separat nach Art und Menge beschreiben)
   a. Bezeichnung der Produktionseinheit:
   b. Kurze Beschreibung der Produktionsverfahren und -abläufe
   c. (Skizze der Produktionsabläufe)
   d. Zuständiger Leiter:
   e. Eingesetze Roh-, Hilfs- und Betriebsstoffe nach Art und Menge
   f. (Tabellarische Aufstellung)
   g. Produktion
   h. Produkte nach Art und Menge
   i. (Tabellarische Aufstellung)
   j. Produktionszeiten
   k. (Arbeitstage pro Jahr, Stunden pro Tag, Schichten, etc.)
7. Wasserbezug der einzelnen Produktionseinheiten
   a. Bezeichnung der Produktionseinheit:

Wasserart	cbm/Jahr	Kosten/m^3	Nutzung als (Qualitätsanforderung)
Frischwasser (Stadtwasser)			z. B. Spülwasser (Trinkwasser-VO)
Brunnenwasser eigene Brunnen			
Oberflächenwasser-entnahme Fluss/See			Kühlwasser (Konditionierung)
Regenwasser			
VE-Wasser			
Sonstige Wässer nach Aufbereitung			

Bilanzierung des Wasserverbrauchs nach Art und Menge bei jeder einzelnen Produktionseinheit. Wichtig sind bei den einzelnen Wasserarten die Angaben der jeweiligen Qualitätsanforderung, da im späteren Abgleichen mit anfallenden Abwässern bekannt sein muss, welches Abwasser eventuell innerbetrieblich mehrfach verwendet werden kann. Die anfallenden Kosten sollen einen Vergleich hinsichtlich der Schließung der Wasserkreisläufe ermöglichen.

   b. Wasserbezug Gesamtbetrieb

Wasserart	cbm/Jahr	cbm/Tag	Nutzung als (Qualitätsanforderung)
Frischwasser (Stadtwasser)			z. B. Trinkwasser VO etc
Brunnenwasser eigene Brunnen			

Wasserart	cbm/Jahr	cbm/Tag	Nutzung als (Qualitätsanforderung)
Oberflächenwasser- entnahme Fluss/See			
Regenwasser			
VE-Wasser			
Sonstige Wässer nach Aufbereitung			

Der Wasserbezug des Gesamtbetriebes bilanziert den Wasserverbrauch nach Art und Menge, wobei bei den einzelnen Wasserarten die jeweilige Qualitätsanforderung wichtig ist, da in späteren Abgleichungen mit anfallenden Abwässern bekannt sein muss, welches Abwasser eventuell innerbetrieblich mehrfach verwendet werden kann.

8. Mehrfachnutzung der Prozesswässer in den einzelnen Produktionseinheiten
   a. Bezeichnung der Produktionseinheit:

Wasserart	cbm/Jahr	cbm/Tag	Nutzungsfaktor *
Frischwasser (Stadtwasser)			
Brunnenwasser eigene Brunnen			
Oberflächenwasser-entnahme Fluss/See			
Regewassernutzung			

Der Nutzungsfaktor ist eine Kenngröße für die Nutzung von Wasser, berechnet als Quotient aus der Wassernutzung und dem Wasseraufkommen. Es lässt eine Aussage zu, wie oft einzelnen Wasserarten mehrfach benutzt werden. Die Mehrfachnutzung von Prozesswasser beinhaltet sowohl die Mehrfachnutzung ohne Aufbereitung als auch die Behandlung von Abwasser, um es weiter als Prozesswasser nutzen zu können.

   b. Mehrfachnutzung der Prozesswässer im Gesamtbetrieb

Wasserart	cbm/Jahr	cbm/Tag	Nutzungsfaktor *
Frischwasser (Stadtwasser)			
Brunnenwasser eigene Brunnen			
Oberflächenwasser-entnahme Fluss/See			
Regenwassernutzung			

Der Nutzungsfaktor der einzelnen Wasserarten im Gesamtbetrieb weist den Betrieb hinsichtlich seiner Wassernutzungseffizienz aus. Hier soll besonders bei mehreren Produktionseinheiten die Möglichkeit geboten werden, sie untereinander zu vergleichen, um etwaigen Optimierungsbedarf bei einzelnen Anlagen zu erkennen.

9. Recycling von Prozesswässern
   a. Bezeichnung der Produktionseinheit

Wasserart im Umlauf	**cbm/Jahr**	**cbm/Tag**	**Anmerkungen**

   b. Recycling von Prozesswässern im Gesamtbetrieb

Wasserart im Umlauf	**cbm/Jahr**	**cbm/Tag**	**Anmerkungen**

Beim Recycling von Prozesswässern werden diese im Kreislauf geführt, das heißt es existieren geschlossene Kreisläufe. Hier hebt sich die traditionelle Trennung zwischen Abwasser und Frischwasser auf. Prozesswasser ist hier Kreislaufwasser, es ist sowohl Frischwasser als auch Abwasser. Das gebrauchte und belastete Prozesswasser wird innerbetrieblich aufbereitet und dient wieder als Prozesswasser. Diese Form der Abwasserbehandlung und -verwendung unterscheidet sich von der reinen Mehrfachnutzung des Prozesswassers, das am Ende als Abwasser entsorgt wird.

10. Abwasseranfall
   a. Bezeichnung der Produktionseinheit

Wasserart	**cbm/Jahr**	**cbm/Tag**	**Temperatur °C (Mittelwert)**	**Abwasserbehandlung Art und Anlage**
Wasserverluste (Verdunstung etc)				

Die einzelnen Abwasserarten sollen nach Menge und Art erfasst werden, ebenfalls die Temperatur am Ablauf der Betriebseinheit. Bei der Abwasserbehandlung sollen die einzelnen Stufen der Abwasserbehandlung genannt werden.

b. Abwasseranfall im Gesamtbetrieb

Wasserart	**cbm/Jahr**	**Temperatur °C (Mittelwert)**	**Abwasserbehandlung Art und Anlage**
Wasserverluste (Verdunstung etc.)			

Die einzelnen Abwasserarten sollten nach Art und Menge und unter Angabe der Abwasserbehandlung der einzelnen Abwasserarten bzw. Abwasserstränge bilanzieret werden.

11. Abwasser-Belastung

a. Bezeichnung der Produktionseinheit

Wasserart	**Parameter**	**Mittelwert mg/l Jahresmittelwert**	**Abwasserbehandlung Art und Anlage**

Die Bilanzierung der Abwasserbelastung der einzelnen Abwasserarten dient der Erfassung von Abwasserinhaltsstoffen. Diese werden einerseits durch ihre Behandlungsart sehr teuer entsorgt und sind andererseits Stoffe, die aufgrund ihrer Eigenschaften als Wertstoffe oder Energiestoffe genutzt werden können. Die Einzelbilanzierung der jeweiligen Betriebseinheiten bietet die Möglichkeit, abzuschätzen, ob es wirtschaftlich sinnvoll ist, die Wertstoffrückgewinnung dezentral an den Einzelanlagen oder zentral durchzuführen.

b. Abwasserbelastung im Gesamtbetrieb

Wasserart	Parameter	Mittelwert mg/l Jahresmittelwert	Abwasserbehandlung Art un d Anlage

Die Bilanzierung der Abwasserbelastung der einzelnen Abwasserarten dient der Erfassung von Abwasserinhaltsstoffen, die einerseits durch ihre Behandlungsart sehr teuer entsorgt werden müssen und andererseits Stoffen, die aufgrund ihrer Eigenschaften als Wertstoffe oder Energiestoffe genutzt werden könnten. Die Nutzung kann sowohl innerbetrieblich als auch extern erfolgen.

12. Abwasser-Frachten

a. Bezeichnung der Produktionseinheit

Wasserart	Parameter	Kg/Jahr	Mögliche Rückgewinnungstechnik

b. Abwasserfrachten im Gesamtbetrieb

Wasserart	Parameter	Kg/Jahr	Anmerkung

Die Ermittlung der Frachten der einzelnen Parameter dient dazu, eine Übersicht zu erhalten, welche Mengen bei den einzelnen Parametern im Abwasser vorhanden sind. Vielfach sind die Mengen der entscheidende wirtschaftlich Faktor bei Rückgewinnungsverfahren.

13. Abwasserbehandlung
Kurze Beschreibung der betrieblichen Abwasserbehandlung (Verfahren, Kapazitäten und Bezeichnungen der Anlagen):
Lageplan:
14. Abfallanfall bei der Abwasserbehandlung
a. Bezeichnung der Produktionseinheit:

Abfallart etc.	Kg/Jahr	Entsorgung/Verwertung

Bei der Bilanzierung der Abfälle hinsichtlich der Abwasserbehandlung steht bei den einzelnen Produktionseinheiten die Suche nach Anlagen im Vordergrund, die einen sehr hohen Anteil am Abfall produzieren. Vielfach hat man keinen direkten Zugriff, die Abfallmengen der Einzelanlagen zu messen und damit zu erfassen. Es ist unter solchen Umständen ratsam, über den Abwasseranteil am Gesamtabwasser eine Abschätzung vorzunehmen.

b. Abfallanfall im Gesamtbetrieb bei der Abwasserbehandlung

Abfallart etc.	Kg/Jahr	Entsorgung/Verwertung

15. Möglichkeiten der Reduzierung der Frischwassermengen
Nach der Bestandsaufnahme der wasserrelevanten Daten beginnt die Optimierung der innerbetrieblichen Wasserwirtschaft gemäß den vorgegebenen Zielen.
a. Zielvorgabe: Frischwasser einsparen
Geprüft wird die Substitution von Verfahren, die auf Wasserbasis arbeiten. Dies bedeutet den Ersatz von Wasser durch ein anderes Medium oder eine Technik, die keinerlei Wasser benötigt. Diese Verfahren sind sehr branchenspezifisch. Erwähnt sei hier das Beispiel der Pulverschichtung anstatt der Lackierung. Allgemeine technische Aussagen sind hier schwer zu formulieren, da diese Techniken direkte Fertigungstechniken sind. Es empfiehlt sich Fachfirmen der jeweiligen Fertigungstechniken zu konsultieren, um abzuklären, welche Alternativen angeboten werden. Eine Übersicht über neue Entwicklungen bietet sich im Internet

unter „Beste verfügbare Techniken – (BVT) Innovative Techniken für den Sevilla-Prozess (www.bvt.umweltbundesamt.de). Diese wasserfreien Verfahren können sich auch wirtschaftlich lohnen, da nicht nur der Frischwasserverbrauch im Gesamtbetrieb reduziert wird sondern auch die entsprechenden Abwassermengen und der damit verbundene Abfallanfall bei der Abwasserbehandlung.
Betriebseinheit

Verfahren z.Z.	Frischwasserverbrauch cbm/Jahr	Abwasseranfall cbm/Jahr	Alternative Technik

b. Wassersparen durch effiziente Wassernutzung
Eine weitere Möglichkeit der Frischwassereinsparung bietet die Effizienzsteigerung der Wassernutzung bei vorhandenen Techniken. Hierunter werden Leistungssteigerungen vorhandener Techniken verstanden. Ähnlich wie bei der Wassersubstitution kann auch hier nur auf die Fachfirmen hingewiesen werden, um Anlagen bezüglich einer effizienten Wassernutzung zu optimieren.
Betriebseinheit

Verfahren z. Z.	Frischwasser-verbrauch cbm/Jahr	Abwasser-anfall cbm/Jahr	Verfahrens-optimierung Maßnahmen	Neuer Frischwasser-verbrauch nach Sanierung cbm/Jahr

c. Möglichkeiten der Regenwassernutzung im Betrieb
Dachflächen: $m^{2=}$
Hofflächen etc. versiegelte Flächen: $m^{2=}$
Jahresniederschlagsmenge vor Ort: $m^{2=}$
Möglichkeiten zur Regenwasserspeicherung:
(z. B. Becken etc.)
Regenwasser bzw. Niederschlagswasser kann über Dachflächen bzw. versiegelt Oberflächen gefasst und gespeichert und als Prozesswasser genutzt werden. Ob

das Regenwasser aufbereitet wird, hängt von seiner Belastung und den Anforderungen an die Qualität des Prozesswassers ab.
Zur Nutzung von Regenwasser im industriellen Bereich sei auf Informationen der Fachvereinigung Betriebs und Regenwassernutzung e. V (www.fbr.de) hingewiesen.
d. Mehrfachnutzung von Prozesswässern

Anfallende Abwässer			**Prozesswasserbedarf**		
Abwasserart	m^3/Jahr	Belastung	Betriebseinheit	m^3/Jahr	Qualitätsanforderung

Mit der Mehrfachnutzung von Prozesswässern verbindet sich ein erhebliches Einsparpotential sowohl beim Frischwasser- als auch beim Abwasser. Die Möglichkeiten der Mehrfachnutzung bieten ein breites Spektrum das Prozesswasser vielfach zu verwenden. Im einfachsten Falle dient belastetes Prozesswasser (Abwasser), das in der einen Anlage anfällt als Prozesswasser (Frischwasser) für eine andere Anlage. Ob dieser einfache Weg genutzt werden kann, hängt vom Verschmutzungsgrad des gebrauchten Wassers und den spezifischen Qualitätskriterien für den nachfolgenden Prozess ab.
Eine weitere Möglichkeit belastetes Prozesswasser innerbetrieblich weiter zu verwenden, besteht darin, es intern aufzubereiten. Aufbereitungen sind mit Kosten verbunden, daher unterliegt diese Art des Wassersparens auch einer Wirtschaftlichkeitsprüfung.
e. Möglichkeiten des Abwasserrecyclings
Betriebseinheit

Verfahren z.Z.	Frischwasserverbrauch cbm/Jahr	Abwasseranfall cbm/Jahr	Alternative Recyclingtechniken

Prozesswasserrecycling schließt Wasserkreisläufe. Jede Produktionseinheit sollte daher auf diese Möglichkeit untersucht werden. Bei einer dezentralen Lösung

(Insellösung) wird das anfallende Abwasser einer Produktionseinheit separat erfasst, behandelt und wieder als Prozesswasser direkt in die Produktionseinheit zurückgeführt.

Bei einer zentralen Aufbereitung werden die Abwässer mehrerer Produktionseinheiten zusammengeführt, behandelt und die jeweiligen Produktionseinheiten nutzen das aufbereitete Abwasser wieder als Prozesswasser.

Bei einer semizentralen Aufbereitung werden Abwässer gleicher Art zusammengeführt, behandelt und als Prozesswasser wieder den einzelnen Produktionseinheiten zugeführt.

Welche Form der Mehrfachnutzung, den technischen Ansprüchen genügt und wirtschaftlich sinnvoll ist, hängt von den speziellen Bedingungen des Betriebes ab bzw. von den Wasserverhältnissen der einzelnen Produktionseinheiten. Das Prozesswasser wird bei beiden Lösungen im Kreislauf gefahren, es fällt kein Abwasser an, das extern entsorgt wird. Lediglich der Abfall der Wasseraufbereitung wird entsorgt oder verwertet. Wasserverluste durch Verdunstung etc. müssen durch Frischwasser ersetzt werden, wobei die Regenwassernutzung hier eine Wasserautarkie ermöglichen kann.

f. Möglichkeiten des Abwasserrecyclings

Gesamtbetrieb

Anlage	Frischwasserverbrauch cbm/Jahr	Abwasseranfall cbm/Jahr	Prozesswasserrecycling möglich durch

Betriebseinheit	**Aktueller Frischwasser-verbrauch m3 /Jahr**	**Mögliche Maßnahmen und Einsparungen des Frischwasserverbrauches in %**		
		Effiziente Wassernutzung und Wassersubstitution	**Mehrfach-nutzung**	**Recycling**
Gesamtbetrieb				

Die Entscheidung eines Betriebes für die Einführung des Abwasserrecyclings bei einzelnen Produktionseinheiten oder im Betrieb insgesamt hängt wesentlich von drei Faktoren ab:

1. Technische Möglichkeiten, die für die speziellen Abwässer angeboten werden
1. Wirtschaftlichkeit (Vergleich Ist-Kosten, Investitionskosten, nachfolgende Betriebskosten etc.)
2. Strategische Entscheidung

Während die ersten beiden Faktoren mit industrieüblichen Standardverfahren abgeklärt werden können, bedingt der dritte Faktor die Abschätzung einer Reihe von Unsicherheiten. die die genauen Vorhersagen von zukünftigen Anforderungen auf Seiten des Gesetzgebers betreffen. Dies gilt sowohl für die Abwasserentsorgung als auch die Frischwassergewinnung. Mit der Einführung von Recyclingverfahren wählt man die sichere Seite.

g. Möglichkeiten der Frischwasserreduzierung im Gesamtbetrieb

Nachdem alle Betriebseinheiten systematisch auf mögliche Frischwassereinsparungen untersucht wurden, gibt die Gesamtbilanz einen Überblick über die Einsparungspotentiale. Anschließend wird die Möglichkeit überprüft, in wieweit Niederschlagswasser, nach möglicher Vorbehandlung geeignet erscheint, die restliche Frischwassermenge weiter zu reduzieren. Die Regenwassernutzung bietet die Chance den Frischwasserbedarf zu senken.

16. Möglichkeiten der Wertstoffrückgewinnung

a. Wertstoffrückgewinnung bei den einzelnen Betriebseinheiten

Betriebseinheit

Wertstoffe im Abwasser	Menge in kg pro Jahr im Abwasser	Rückgewinnung möglich mittels	Rückgewinnbare Menge in kg pro Jahr

Bei der möglichen Rückgewinnung von Wertstoffen aus den Abwässern der einzelnen Betriebseinheiten steht zunächst die Suche nach geeigneten Verfahren im Vordergrund. Danach beginnt die Erhebung der separaten Kosten für die jeweiligen Rückgewinnungsverfahren über die Investitionskosten bis zu den laufenden Betriebskosten. Anschließend beginnt der Vergleich mit den aktuellen Entsorgungskosten, wobei natürlich auch die Abfälle zu berücksichtigen sind, die einer Wiederverwertung (extern oder intern) zugeführt werden und einen Erlös erbringen. Die Entscheidung der Einführung der Wertstoffrückgewinnung ist nicht nur von rein wirtschaftlichen Faktoren abhängig, sondern sie ist auch eine strategische Entscheidung z. B. unter der Prämisse sich verknappender Rohstoffe. Ohne Rohstoffe keine Produktion.

b. Wertstoffrückgewinnung im Gesamtbetrieb

Betriebseinheit	Wertstoffe	Wettstoffmenge im Abwasser	Rückgewinnbare Menge in %
Gesamtbetrieb			

Mittels Bilanzierung werden alle Wertstoffe, die als Abfall entsorgt bzw. als Reststoff der Verwertung zugeführt werden, aus der Abwasserbehandlung im Gesamtbetrieb bezüglich Mengen, Kosten oder Erlöse erfasst und verglichen mit den Kosten einer Wertstoffrückgewinnung aus den einzelnen Abwasserströmen bzw. Betriebseinheiten.

17. Verwertung der Abwasserenergie

a. Abwärme im Abwasser der Produktionseinheiten

Produktionseinheit

Abwassermenge in m3 pro Jahr	Abwassertemperatur Jahresmittelwert in °C	Jahresmenge in KJoule	Technisch nutzbar KJoule pro Jahr

Zunächst werden alle Abwässer der einzelnen Produktionseinheiten hinsichtlich ihrer Jahresmitteltemperatur bilanziert. Und daraus die Wärmemenge errechnet, die technisch nutzbar ist.

b. CSB-Fracht im Abwasser zur Energiegewinnung

Produktionseinheit

Abwassermenge in m3 pro Jahr	CSB-Jahresmittelwert in mg/l	CSB-Jahresmittelfracht in kg pro Jahr	Mögliche Methangewinnung daraus in cbm pro Jahr

In wieweit eine Methangewinnung mittels anaerober Behandlung der Abwässer lohnt oder überhaupt möglich ist, hängt von einer Reihe von Faktoren ab, wie z. B. Substratart, Störstoffe CSB-Fracht usw. Empfohlen wird zunächst eine rein theoretische Abschätzung der gewinnbaren Methanmenge über den Parameter CSB. Verwiesen wird hier auf die Umrechnung vom CSB auf Methan nach www.schlattmann.de. Diese Umrechnung dient zur theoretischen Abschätzung des Methananfalls. Will man genaue Daten über die Gasausbeute bei der Nutzung der betrieblichen Abwässer erfahren, sind Pilotversuche unter Praxisbedingungen empfohlen.

18. Sicherheit der Wasserversorgung
Unter der Wassersicherheit eines Betriebes wird hier eine Abschätzung seines Frischwasserbezuges auf längere Zeitperioden und die Einhaltung gesetzlicher Auflagen bei der Abwasserentsorgung verstanden.
a. Sicherer Wasserbezug
Der sichere Wasserbezug bezieht sich auf folgende Quellen, die einer Prüfung auf Langfristigkeit unterzogen werden sollten.
   - Stadtwasser (Frischwasserlieferant)
   - Brunnenwasser aus eigenen Quellen (Langfristige Genehmigungen, Auflagen)
   - Wasserentnahme aus Flüssen und Seen (Genehmigungen, Auflagen)
   - Regenwassernutzung (Betriebliche Möglichkeiten, Auflagen)
   - VE-Wasser (Betriebliche Möglichkeit)

Die Gewährung einer sicheren Wasserversorgung hängt ab vom lokalen Angebot der Frischwasserlieferanten, den behördlichen Genehmigungen bzw. Auflagen bei einer Eigenversorgung mit Grundwasser oder Wasser aus Oberflächengewässer etc. Hinzu kommt die Gewinnung von Niederschlagswasser. Hierbei sollten nicht nur die aktuellen Liefermengen bei den einzelnen Wasserarten begutachten werden, sondern auch mögliche Zusatzmengen durch etwaige Produktionserweiterungen.

Die lokalen Preisentwicklungen des Frischwassers sollten in die langfristigen Überlegungen einfließen.

b. Sichere Abwasserentsorgung

Die sichere Abwasserentsorgung sollte sich an vier Kriterien orientieren:

- Gesetzliche Anforderungen (Einleiterbescheid etc.)
- Stand der Abwassertechnik im Betrieb
- Betriebliche Eigenüberwachung
- Behördliche Überwachung

Bescheide/Auflagen	Datum	Parameter/Grenzwerte etc.	Anforderungen an die Technik
Vorhandene Abwasserbehandlung	Inbetriebnahme Datum	Stand der Technik	
Eigenüberwachung	Parameter	Häufigkeit	Ergebnisse
Behördliche Überwachung	Parameter	Häufigkeit	Ergebnisse

Die sichere Abwasserentsorgung verlangt nicht nur das Einhalten der behördlichen Auflagen im aktuellen Zeitfenster, sondern erstreckt sich als betriebliches Vorsorgeinstrument auch auf Entwicklungen der Einleitergenehmigungen in der Zukunft. Diese Auflagen können hier nicht konkret genannt werden, sie werden vielmehr die Ergebnisse sowohl von gewässerökologischen Anforderungen einerseits und politischen Entscheidungen anderseits bei einem stetigen Wandel der Abwassertechnik sein. Es kann nur empfohlen werden, sich hier über Fachverbände etc. über die neuesten Entwicklungen zu informieren, um rechtzeitig in Ruhe auf Neuerungen innerbetrieblich reagieren zu können.

19. Ergebnisse Betriebs-Audit

Die Diskussion der Ergebnisse unterteilt sich in vier Themen

- Bestandsaufnahme der Zahlen und Fakten
- Diskussion der technischen und betrieblichen Möglichkeiten zur Optimierung der innerbetrieblichen Wasserwirtschaft
- Erörterung der Wirtschaftlichkeit der möglichen Maßnahmen
- Entscheidungsfindung unter Beachtung aller Belange
- Masterplan

Die Ergebnisse des Betriebs-Audits sollten zunächst nur in tabellarischer Form zusammenfasst und dargestellt werden, um eine Diskussionsgrundlage der reinen Zahlen und Fakten zu haben. Dieses Datenmaterial dient dann in einem nächsten Schritt als Basis, die technischen Möglichkeiten und speziellen Betriebsverhältnisse in Bezug auf die Umsetzung von Optimierungsmaßnahmen zu erörtern. Nach Abklärung der technischen und betrieblichen Belange und Möglichkeiten rundet die Diskussion über die Wirtschaftlichkeit der angedachten Maßnahmen die Entscheidungsfindung ab.
Die folgenden Tab. (Wasserverbrauch, Energierückgewinnung aus Abwässern und Wertstoffrückgewinnung aus Abwässern) dienen als Anhaltspunkte welche Fakten und Daten zur Bewertung der einzelnen Themen hilfreich sein können. Sie müssen den jeweiligen Betriebsverhältnissen und Zielvorgaben angepasst werden.

Tabelle Wasserverbrauch								
		Wasserverbrauch in cbm pro Jahr und Einsparung in %						
Betriebseinheit	Frischwasser	Einsparung	Brunnenwasser	Einsparung	Flusswasser	Einsparung	VE-Wasser	Einsparung
Gesamtbetrieb								
		Wasserverbrauch nach innerbetrieblichen Maßnahmen						
Gesamtbetrieb								

Tabelle zur Energierückgewinnung aus Abwässern								
	Wärmepotential in den Abwässern			CSB-Frachten in den Abwässern				
Betriebseinheit	Wärmepotential in KW pro Jahr		nutzbar in %	CSB-Fracht kg/Jahr		Methangewinnnung in cbm/Jahr		
Gesamtbetrieb								
		Gesamtrückgewinnung nach innerbetrieblichen Maßnahmen						
Gesamtbetrieb								
						KW pro Jahr		
	KW pro Jahr							

Tabelle zur Wertstoffrückgewinnung aus Abwässern							
	Wertstoffe im Abwasser			Mögliche Rückgewinnung			
Betriebseinheit	Wertstoff	kg pro Jahr	nutzbar in %	Rückgewinnbar in kg pro Jahr			
Gesamtbetrieb							
		Gesamtrückgewinnung nach innerbetrieblichen Maßnahmen					
Gesamtbetrieb							
	Wertstoff	kg pro Jahr	Wert in €				

Prozesswasserkreislauf- Check

PIUS-Check

- Abwasseranfall minimieren.
- Entwicklung der Anforderungen an die Abwasserentsorgung beachten!

Festlegung der Qualitätsanforderungen an das Prozesswasser

Auswahl geeigneter Verfahren zur Abwasseraufbereitung

- Angebote einholen
- Vorauswahl treffen

Pilotversuche durchführen

- Praxistauglichkeit prüfen
- Arbeitsaufwand prüfen

Wirtschaftlichkeitsprüfung

- Investitionskosten
- Betriebskosten
- Sicherheit
- Flexibilität bei Änderungen der Abwasserverhältnisse

Entscheidungsfindung

Planung und Durchführung

Informationen

- Branchenmodelle Datenbank www.efanr.de
- Umweltbundesamt www.uba.de
- Fachverband nachfragen
- Fachfirmen
- Externe Beratung

Beispiele für Kreislaufführung von Prozesswässern unterschiedlicher Branchen

5

Im folgenden Kapitel werden Beispiele der Kreislaufführung von Prozesswässern aus diversen Branchen dargestellt. Sie sollen als Anregungen und zur Information dienen. Es wird gezeigt, welche Möglichkeiten das Abwasserrecycling in vielen Industriebereichen bietet. Die Beispiele wurden aus öffentlich zugänglichen Quellen, Fachveröffentlichungen und Firmenangaben. zusammengetragen. Sie beinhalten sehr unterschiedliche Branchen. Dies verdeutlich, wie weitgefächert heute die Idee des Abwasserrecycling gestreut ist. "Ziel moderner Produktionsstandorte ist es, den Stand der Technik durch „abwasserfreie Fabrikation" zu erreichen. Darunter ist zu verstehen, dass alle Abwasserströme aus der Produktion wieder aufbereitet werden, und so ohne Qualitätsverlust ein Wiedereinsatz in der gleichen Produktion möglich ist. Also: Die geschlossene Kreislaufführung des Produktionswassers. "(Kassel, T. 2010). Zunächst wenden wir uns einigen Beispielen auf einem Förderprojekt aus Nordrhein-Westfalen. Die Projekte basieren auf einer großen Bandbreite in Bezug auf sehr unterschiedlicher Branchen, was die Akzeptanz sowohl des PIUS als auch speziell des Abwasserrecyclings unterstreicht. Viele Weitere aus fast allen Industriebranchen können in der „Beispiel-Datenbank" unter www.efanrw.de eingesehen werden.

5.1 Beispiele aus Förderprojekten der „Initiative ökologische und nachhaltige Wasserwirtschaft NRW" (Effizienzagentur NRW)

Die nächsten 8 Beispiele für Kreislaufführung unterschiedlicher Prozesswässer wurden aus obigem Förderprogramm übernommen. Sie demonstrieren, dass effiziente Maßnahmen in der betrieblichen Abwasserwirtschaft durch staatliche Förderung, Innovation der Anlagenbauer und Planungsgesellschaften sowie der Bereitschaft der beteiligten Firmen ganz unterschiedlicher Branchen sich offensiv den Aufgaben einer nachhaltigen betrieblichen Abwasserwirtschaft zu stellen, ökonomisch und ökologisch sehr erfolgreich gemeistert werden können.

R. Stiefel, *Abwasserrecycling und Regenwassernutzung*,
DOI 10.1007/978-3-658-01040-9_5, © Springer Fachmedien Wiesbaden 2014

Information über weitere Beispiele aus diesem Programm:

- EFA Die Effizienz-Agentur NRW; Mülheimer Straße 100; 47057 Duisburg; Tel. 0203-37879-30; www.efanrw.de

5.1.1 Förderprojekte Textil/Leder: Kreislaufführung

Wasserkreislaufführung bei Schuhlederproduktion spart bis zu 8.000 m3 Wasser
Unternehmen: Josef Heinen GmbH & Co. KG, Wegberg
Geschäftsfeld: Produktion von hochwertigen Schuhoberledern.

Die Ausgangssituation In einer vollstufigen Lederproduktion, von der Weiche bis zur Zurichtung, konzentriert sich das Team der Lederfabrik Heinen auf die Produktion von hochwertigen Schuhoberledern. Dieser Prozess ist sehr wasserintensiv – rund 55.000 Kubikmeter Frischwasser benötigte das Unternehmen jährlich zur Herstellung der Leder. Vor Umsetzung der PIUS-Maßnahme ging diese Wassermenge, mechanisch oder chemisch behandelt, entsulfidiert und mit Kohlensäure neutralisiert, als Abwasser in die Kanalisation.

Die Maßnahme Eine prozessorientierte Stoffstromanalyse im Jahr 2002 deckte insbesondere im Bereich des anfallenden Schmutzwassers bei der Gerbung und Färbung des Leders wesentliche Einsparpotenziale auf. Auf Basis dieser Analyse wurde ein Konzept zum Prozesswasserrecycling erstellt. Nach Realisierung der darin geplanten Maßnahmen wird das Wasser aus dem Gerb- und aus dem Färbefass nun in einem Sedimentator aufbereitet und als Weiche im Äscherfass sowie als Spülwasser nach dem Äscher eingesetzt – und zwar ohne Qualitätsverluste in der Produktion. Darüber hinaus wird das zweite Spülwasser nach dem Äscherfass zur ersten Spülung am nächsten Tag wieder verwendet.

Die Vorteile Die Wasserkreislaufschließung führte zu einer Reduzierung des Frischwassers im Bereich Äscherfass um 60 Prozent. In diesem Zuge konnte auch die benötigte Energie, die zur Erwärmung des Frischwassers erforderlich ist, gesenkt werden. Dank der PIUS-Maßnahmen kann die Lederfabrik Heinen so etwa 40.000 Euro pro Jahr einsparen.

Auf einen Blick Maßnahme
Investitionen im Bereich des Gerb- und des Färbefasses

Vorteile/Einsparungen Frisch- und Abwassereinsparung von 8.000 m^3 bei optimaler Ausnutzung, verringerter Energieverbrauch, Kosteneinsparung von 40.000 Euro/a

Höhe der Investition:	298.680 €
Förderhöhe (Zuschuss):	100.000 €

5.1.2 Förderprojekte Metall: Kreislaufführung-Membrantechnik, Kreislaufführung des Kühlwassers bei der Titanblechproduktion

Unternehmen: Rheinzink GmbH & Co. KG, Datteln

Geschäftsfeld: Produktion von Titan-Zinkblech für die Bauindustrie.

Mit einer Temperatur von über 500°C gelangt die Titan Zink Legierung in die patentierte Breitband-Gieß-Walzstraße. Das Kühlwasser der indirekten Kühlung wird nun aufbereitet und statt Trinkwasser zur direkten Kühlung in der Kühlstrecke eingesetzt. Die fünf horizontal übereinanderliegenden Membranfiltereinheiten liefern 24 m^3 Permeat pro Stunde.

Die Ausgangssituation: Die Rheinzink GmbH & Co. KG betreibt in Datteln ein Werk zur Produktion von Titan-Zinkblech für die Bauindustrie. Die Herstellung von Zink-Bändern erfolgt durch den Einsatz des kontinuierlichen Breitband-Gieß-Walz-Verfahrens.

In einem Induktions-Tiegelofen wird bei einer Temperatur von ca. 760°C eine Vorlegierung aus Zink, Kupfer und Titan erschmolzen. Feinzink wird mit einem Zusatz an Vorlegierung in einem Induktions-Rinnenofen geschmolzen und gelangt dann in flüssiger Form zur Gießmaschine, in der es in eine laufende Kokille gegossen wird. Die Kokille wird von außen mit Wasser gekühlt (indirekte Kühlung), so dass der entstehende Strang eine feste Umhüllung erhält und nicht mit dem Kühlwasser in Kontakt kommt. Der aus der Gießmaschine austretende Strang gelangt in die eigentliche Kühlstrecke. Hier wird er mit ca. 2 00 m^3/Tag frischem Stadtwasser gekühlt (direkte Kühlung) bis die für die nachfolgenden Arbeitsschritte erforderliche Temperatur erreicht ist. Zur Kühlung der Kokille und des Gussstranges in der Kühlstrecke werden große Mengen an Kühlwasser benötigt. Das einmal benutze Kühlwasser wird in einem Sammelbehälter aufgefangen und zur indirekten Kühlung der Kokillen eingesetzt. Das Kühlwasser in dem Sammelbehälter wird über drei Kühltürme rückgekühlt. Dadurch wird die Temperatur des Wassers im Sammelbehälter geregelt, also konstant gehalten. Bei dem Kühlprozess gelangen Staub, Ruß, Öl, Pigmente, anorganische Salz usw. in das Kühlwasser, so dass dieses nur eingeschränkt wieder verwendet werden kann. Ein Teil des im Sammelbehälter ankommenden Kühl- und Prozesswassers wird auch für andere Verbraucher zur Verfügung gestellt und ein weiterer Teil in die Kanalisation abgeschlagen. Wegen der hohen Anforderungen an die Qualität des Kühlwassers wurde die Kühlstrecke mit Trinkwasser (Stadtwasser) betrieben.

Auf einen Blick Maßnahme

Kreislaufführung des Kühlwassers

Vorteile/Einsparungen Einsparung von 70.000 m^3/a Abwasser

Kein Einsatz von Trinkwasser für Kühlzwecke

Höhe der Investition:	240.000 €
Förderhöhe (Zuschuss):	39.412 €

5.1.3 Abfall- und abwasserfreie Eloxalanlage

AVN GmbH; Hagener Str. 147; 58769 Nachrodt

Metalloberflächenbehandlung, Eloxalbetrieb/Anodisieren von Aluminium; 55 Mitarbeiter

Die Firma AVN GmbH im westfälischen Nachrodt entstand 1995 durch die Übernahme des Werkes von der amerikanischen Firma Reynolds. Täglich produzierte sie ca. 5.000 m2 eloxierte Aluminiumprofile.

Verbrauchte Säuren und Laugen aus dem Produktionsprozess wurden früher gemeinsam mit den Abwässern der Spülbäder neutralisiert und der dabei anfallende Schlamm über eine Filterpresse entwässert. Das Filtrat leitete man als Abwasser direkt über die firmeneigene Kläranlage in den Vorfluter ein, während die Filterschlämme zur Rekultivierung von Kalibergwerken in Ostdeutschland genutzt wurden. Seit Jahreswechsel 1997/98 mussten nur noch die Spülwässer neutralisiert werden, den die aus den verbrauchten Prozessbädern stammenden Abfallsäuren und –laugen konnte man an eine Fremdfirma zur Verwertung weitergeben.

Nachdem Umbau der gesamten Abwasserführung und –behandlung sind nunmehr alle anfallenden sauren und alkalischen Spülwässer durch interne geschlossene Kreisläufe mittels Vakuumverdampfung in den Verwertungs- oder Spülbadkreislauf integriert (Abb. 5.1). Die im Eloxalbetrieb durch exotherme Prozesse entstehende Wärme wird nicht mehr – wie früher – über das Kühlwasser abgeführt, sondern durch den Einsatz von Wärmetauschern zum Betrieb der Vakuumverdampfer genutzt, so dass hier kein zusätzlicher Energiebedarf besteht.

Ende 1999 wurde der Umbau abgeschlossen. Die umweltrelevanten Investitionen für das Projekt summierten sich auf 689.733 € (1.349.000,- DM). Wegen der Höhe dieser Umweltschutzinvestitionen hatte die Firma AVN GmbH statt der üblichen Förderung nach der EU-„de minimis"-Regel eine Förderung nach dem „EU-Gemeinschaftsrahmen für staatliche Umweltschutzbeihilfen" beantragt. Die Höhe des Zuschusses betrug 275.893 € (539.600,- DM).

Es entsteht kein Produktionsabwasser mehr und der Frischwasserverbrauch wir um 12.000 m3 pro Jahr reduziert. Zusammen mit der Abwasserbehandlung entfallen jährlich auch die etwa 1.000 m3 entsorgungspflichtiger Schlamm. Zudem kann durch die Wärmerückgewinnung auf eine Kühlwassermenge von etwa 800.000 m^3 im Jahr verzichtet werden.

Das Verfahren geht über den bisherigen Stand der Technik hinaus und ist auf andere Eloxalbetriebe sowie auf Betriebe mit ähnlich gelagerter Produktion übertragbar.

Im Rahmen der Verleihung des Effizienz-Preises des Landes Nordrhein-Westfalen am 28.11.2000 erhielt die Firma AVN GmbH für diese Maßnahme den 2. Hauptpreis. Zudem wurde dem Betrieb der Anerkennungspreis des Innovationspreises Sauerland und der 1. Umweltpreis des Märkischen Kreises verliehen.

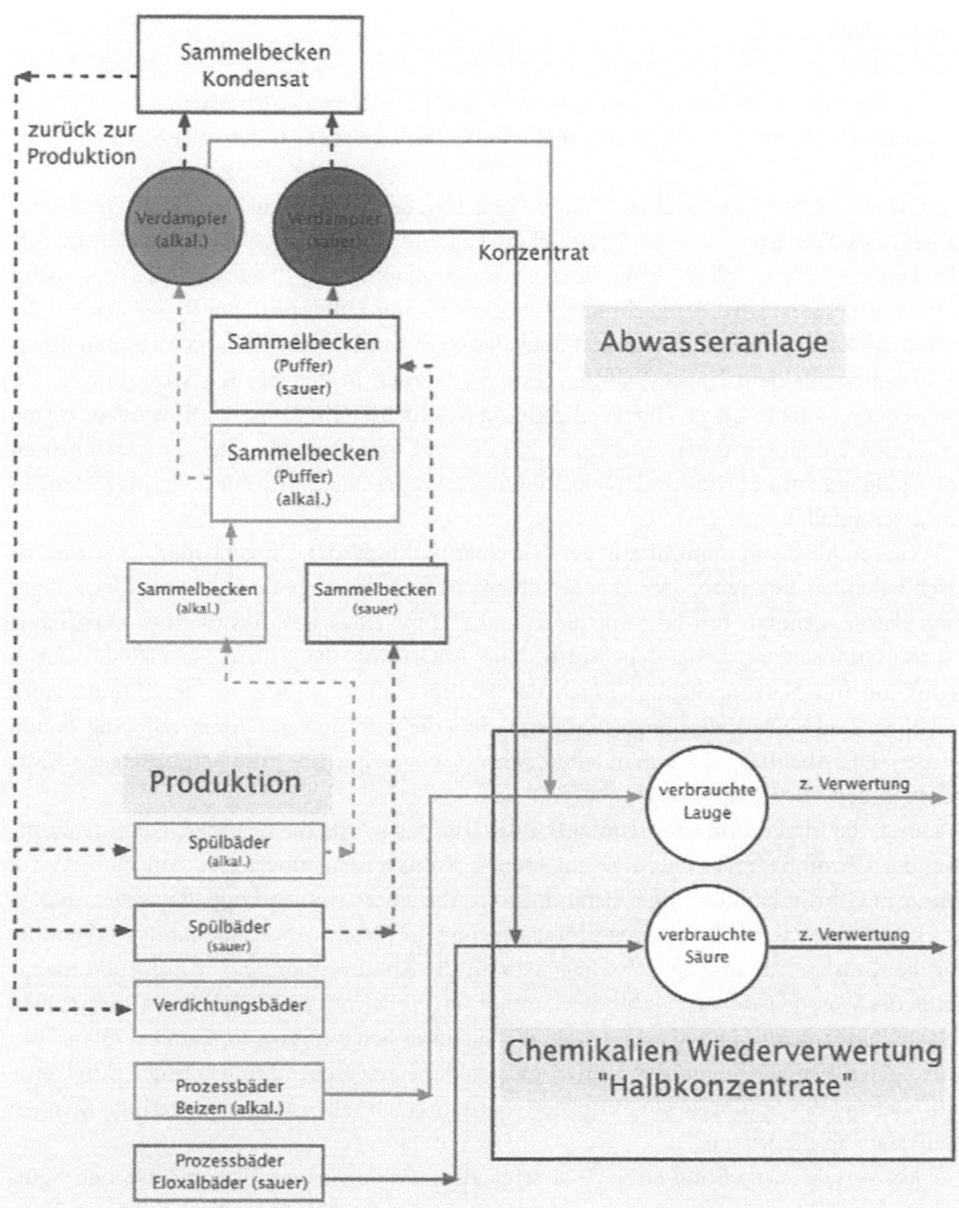

Abb. 5.1 Verfahrensfließbild Beispiel Eloxalanlage

5.1.4 Glasfabrik

Walther-Glas GmbH & Co. KG; Glashüttenweg 29; 33014 Bad Driburg-Siebenstern
Herstellung und Vertrieb von Geschenk- und Haushaltsartikeln aus Glas, 500 Mitarbeiter

Die Firma Walther-Glas GmbH & Co. KG ist Hersteller von Haushalts- und Geschenkartikeln aus Pressglas. Zum umfangreichen Produktprogramm gehören Schalen in verschiedenen Größen, Teller, Vasen, Torten- und Stollenplatten, Etageren und vieles mehr. In Pressmaschinen wird dem schmelzflüssigen Glas mit Hilfe spezieller Press-Stempel die endgültige Form verliehen. Doch nicht nur das Glas, sondern auch die verchromten Stempel kommen aus dem Hause Walther-Glas. Sie werden in der eigenen Werkstatt erstellt und in der angeschlossenen Hartverchromung beschichtet. Ihr Durchlaufprozess setzt sich zusammen aus Entchromen, Entfetten, Beizen und Verchromen. Allen Prozessschritten sind Spülgänge mit Spritz- und Tauchspülungen vorgeschaltet, wodurch geringe Mengen Abwasser anfallen.

Weiteres Abwasser stammt aus der Durchlaufkühlung der Chrombäder. Es wurde zu anschließenden Reinigung der chromhaltigen Abluft, die über den Chrombädern abgesaugt wurde, genutzt. Pro Jahr entstand ca. 1.500 m^3 Abwasser, das in einer Durchlauf-Neutralisationsanlage behandelt wurde. Die Entgiftung des Chromats erfolgte durch Reduktion mit Natriumbisulfid. Nach der Sedimentation garantierte der Einsatz eines Kiesfilters und eines Kationenaustauschers, dass die geforderten Grenzwerte eingehalten wurden. Die Ableitung des behandelten Abwassers erfolgte über die betriebseigene Kläranlage in den Vorfluter.

Durch die Integration eines Umlaufkühlaggregates wurde die bisherige Durchlaufkühlung der Chrombäder in einen geschlossenen Kühlkreislauf überführt. Auf diese Weise konnte die Chrombadkühlung vollständig vom Abwasserstrom entkoppelt werden, so dass hier keine Abwässer mehr anfallen. Voraussetzung für diese umweltschonende Maßnahme war die Kreislaufführung des Waschwassers für die Abluftreinigung. Um ein Aufkonzentrieren des Waschwassers zu verhindern, musste ein Teilstrom aus dem System ausgetragen werden (Teilstrom 2). Die Abwassermenge reduzierte sich um etwa 80 % auf ca. 250 m^3 pro Jahr. Auch die Abwässer aus den Spülvorgängen der Hartverchromung konnten durch eine Optimierung der Spülprozesse minimiert werden; doch fallen weiterhin geringe Mengen Spülwasser an (Teilstrom 1).

Dass Verfahrensfließbild (Abb. 5.2) zeigt, dass die Abwasserteilströme aus den Spülbädern der Chromatierungsanlage (Teilstrom 1) und dem Abluftwäscher (Teilstrom 2) im Vorlagebehälter gesammelt und kontinuierlich einem Vakuumverdampfer zugeführt werden. Hier wird das chromat- und fluoridhaltige Abwasser aufkonzentriert und anschließend extern verwertet. Das schadstofffreie und salzarme Kondensat konnte aufgrund seines hohen Reinheitsgrades als Ergänzungswasser innerhalb einer weiteren Betriebseinheit in einer Ultraschallwaschanlage eingesetzt werden. Glaserzeugnisse werden hier mit voll entsalzenem Wasser gewaschen. Am 22.12.1998 wurde die Vakuumverdampfungsanlage in

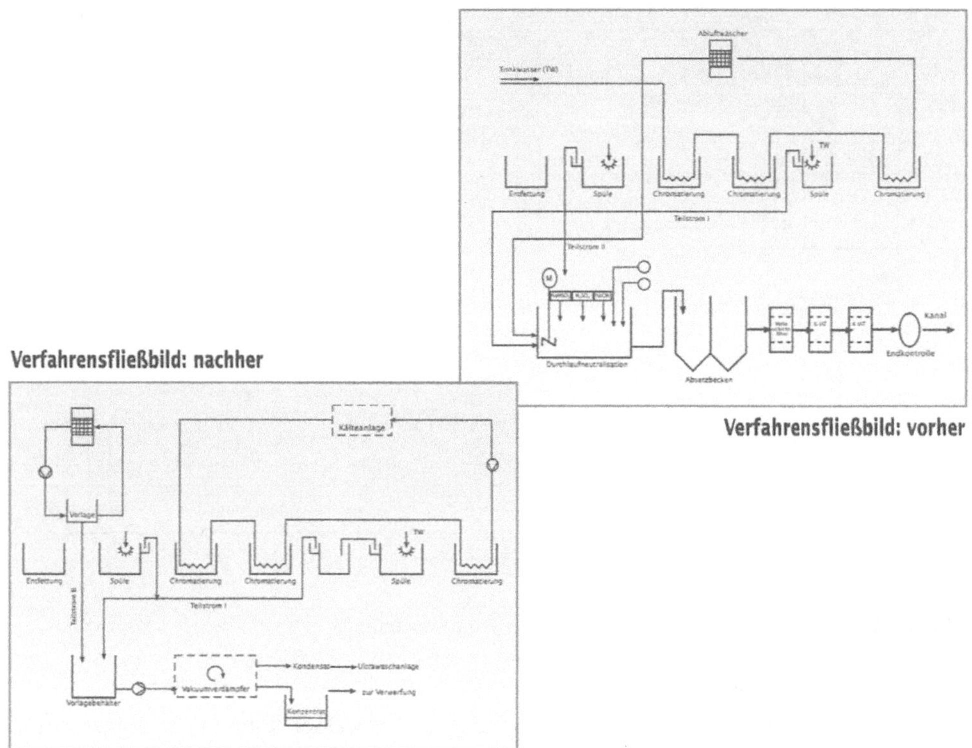

Abb. 5.2 Verfahrensfließbilder Beispiel Glasfabrik

Betrieb genommen. Die umweltrelevanten Investitionen für das Projekt betrugen 56.242,- € (110.000,- DM). Die Höhe des Landeszuschusses betrug 28.121,- € (55.000,- DM).

Auf eine chemische Behandlung des hochkonzentrierten chromat- und fluoridhaltigen Abwassers kann verzichtet werden. Damit entfällt der Verbrauch an Chemikalien wie Salzsäure, Natronlauge und Natriumbisulfit. Das Kondensat aus der Verdampfungsanlage wird als enthärtetes Wasser dem Kreislauf der Ultraschall-Waschanlage zugeführt, so dass hier eine vollständige innerbetriebliche Wiederverwertung realisiert wurde. Nach Abschluss der Maßnahme ist die Abwassereinleitung vollständig entfallen, wodurch 1.500 m^3 Abwasser pro Jahr nicht mehr der Kläranlage zugeführt werden.

5.1.5 Autowaschanlage

Autohaus Kiesler GmbH & Co KG, Hückeswagener Str. 25-27, 51647 Gummersbach.
Autohandel und Reparatur, 29 Mitarbeiter

Das Autohaus verkauft im Jahr rund 200-1.000 Wagen. Die bereits entwachst angelieferten Fahrzeuge müssen in der Regel an Problemstellen nachbehandelt werden. Vor der

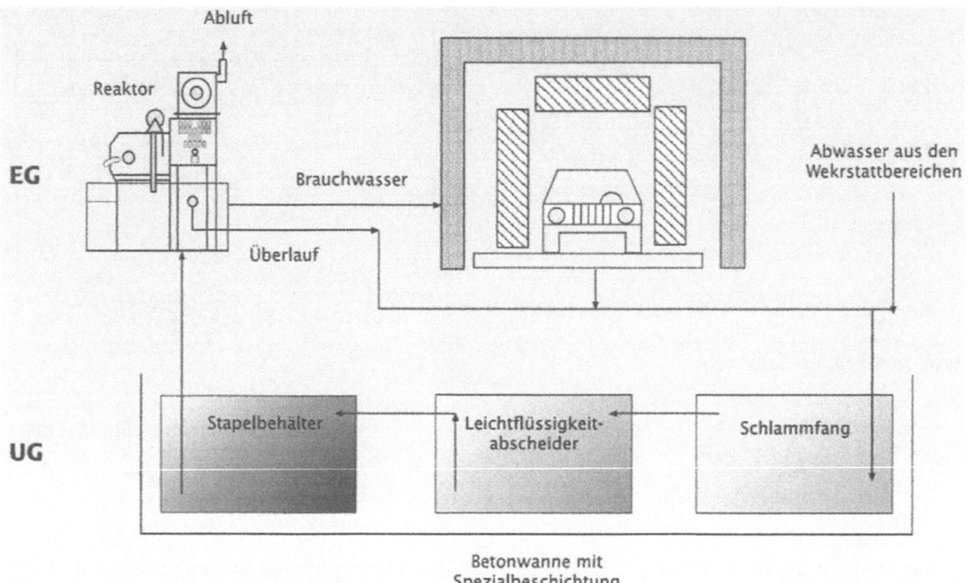

Abb. 5.3 Geschlossenes Kreislaufsystem in einer Autowaschanlage

Auslieferung erfolgt außerdem eine Oberwäsche. Im Abwasser können die eingesetzten Reinigungsmittel (u. a. Kaltreiniger) relativ stabile Emulsionen bilden. Sie belasten die Kläranlage mit einer Vielzahl von Stoffen, die in der vorgeschriebenen Abscheiderkette aus Schlammfang und Benzin- oder Koaleszenzabscheider nach DIN 1999 nur ungenügend zurückgehalten werden. Im Rahmen einer Umbau- und Erweiterungsmaßnahme des Autohauses konnte eine grundsätzliche Verbesserung dieser Situation erreicht werden.

Heute werden die Abwässer aus Werkstatt und Waschhalle (Pflegebereich) statt mit der herkömmlichen, für Autowasch- und Reinigungsanlagen geforderten Abscheiderkette mit Hilfe eines Ozonreaktors gemeinsam aufbereitet und in einem geschlossenen Kreislaufsystem gefahren (Abb. 5.3). Die Ozonbehandlung dient einerseits der Teiloxidation der organischen Bestandteile, andererseits wirkt sie sich auch positiv auf die Flockenbildung, die Geruchsbeseitigung und die Entkeimung der Abwässer aus. Dadurch wird eine bessere Filtrierbarkeit der anfallenden Flockungsprodukte erreicht, die mittels eines Filtervlieses entfernt werden können. Durch die Kreislaufführung werden die eingesetzten Wasch- und Reinigungsmittel größtenteils wieder verwendet. Nur noch die Verdunstungs- und Verschleppungsverluste müssen durch Frischwasser ersetzt werden, so dass man in etwa mit einem jährlichen Austausch des Kreislaufwassers auskommt. Die Maßnahme wurde am 31.12.1997 abgeschlossen. Die umweltrelevanten Investitionen für das Projekt betrugen 48.828,- € (95.500,- DM). Die Höhe des Zuschusses betrug 24.414 € (47.750,- DM).

Es wird kein Betriebsabwasser mehr in die Kanalisation abgeleitet. Der Abwasserstrom zur örtlichen Kläranlage und damit der Frischwasserbedarf verringert sich um jährliche 2.500 m^3, einschließlich der darin enthaltenen Schadstofffracht. Eine Genehmigung zur

Indirekt-Einleitung ist nicht mehr erforderlich. Das geplante Ziel des Autohauses, das Abwasser aus Werkstatt- und Pflegebereich zu recyceln, wurde erreicht. In Verbindung mit einer entsprechenden Mitarbeiter-Schulung hat sich die neue, über den Stand der Technik hinausgehende Verfahrensweise sehr gut in den Berufsalltag integriert. Neben der ökologischen Wirkung hat die Maßnahme auch zu einer deutlichen Verbesserung der ökonomischen Situation geführt.

5.1.6 Kabelwerk

Korschu-Kabelwerke Kromberg & Schubert GmbH und Co., Wiegenkamp 21, 46414 Rhede (Westfalen)
Produktion von Spezialkabel für Informationstechnik, Datentechnik, Automobilindustrie, 316 Mitarbeiter

Die Firma Kroschu ist ein mittelständiges Unternehmen, das Spezialkabel für Informationstechnik, Datentechnik und Automobilindustrie produziert. Zur Herstellung dieser Kabel und Leitungen werden so genannte Extruder (Schneckenpressen) eingesetzt, die die thermoplastischen Kunststoffe bis zu ihrer jeweiligen Schmelztemperatur zwischen 150°C und 400°C erhitzen, und diese dann durch Formwerkzeuge auf einen Leiter aufspritzen (Kupferleiter oder Glasfaser oder mehrere verseilte, isolierte Adern). Unmittelbar nach der Formgebung werden die heißen Kabel oder Leitungen in ca. 17°C kaltes Wasser geführt und auf Raumtemperatur abgekühlt. Dieses Wasser wurde durch eine Druckpumpe aus einem 350 m^3 fassenden Sprinklertank mit einer Temperatur von 18°C zu den Extrudern gefördert. Um die Betriebstemperatur an den Extrudern von maximal 20°C einzuhalten, musste früher kühles Brunnenwasser beigemischt werden. Nach Abkühlung der Kabel wurde das gesammelte Rücklaufwasser über ein Korbfilter und einen Plattenwärmetauscher zum Sprinklertank zurückgepumpt. Die Kühlung des Plattenwärmetauschers erfolgte in einem getrennten Wasserkreislauf durch einen offenen Kühlturm. Zur Rückspülung des Korbfilters nutzte man das Betriebswasser aus dem Sprinklertank. Die Rückspülwassermenge von 70 m^3 täglich wurde als Abwasser in die öffentliche Kanalisation geleitet. Das Überschüssige Wasser aus dem Sprinklertank, das durch das zugesetzte Brunnenwasser anfiel, wurde in einen Schluckbrunnen gepumpt und versickerte dort.

Um Wasser einzusparen, ist ein geschlossener Wasserkreislauf einschließlich einer Aufbereitungsanlage installiert worden. Dabei ersetzte man den alten Sprinklertank durch einen Pufferspeicher. Ein neuer Kiesbett-Doppelfilter reinigt nun den Rücklauf des Produktionskühlwassers, das durch eine anschließende UV-Bestrahlung entkeimt wird. Um die Betriebstemperatur einhalten zu können, entnimmt man einen Teilstrom des Wassers aus dem Pufferspeicher und kühlt ihn zunächst über den Plattenwärmetauscher des vorhanden Kühlturmsystems. Zusätzlich erfolgt nun noch eine Abkühlung über einen neuen Wärmetauscher mit eigener Kälteanlage. Damit kann auf das Brunnenwasser zur Senkung der Wassertemperatur verzichtet werden. Lediglich die Verdampfungsverluste werden noch mit dem Brunnenwasser ausgeglichen.

Die Kiesbettfilter-Rückspülung benötigt nur eine geringe Wassermenge, denn das Rückspülwasser durchläuft nun ein Absetzbecken, aus dem die Klarphase in den Wasserkreislauf zurückgeführt werden kann. Ein geringer Rest wird in die öffentliche Kanalisation eingeleitet. Am 31.12.1999 war die Umstellung der Anlage beendet. Die umweltrelevanten Investitionen für das Projekt betrugen 237.000,- € (463.000,- DM). Die Höhe des Zuschusses betrug 100.000,- € (195.500,- DM).

Durch den geschlossenen Betriebswasserkreislauf konnte die Abwassermenge für die öffentliche Kläranlage von ca. 76.000 m³ auf 409 m³ im Jahr reduziert werden (Abb. 5.4). Auch die Brunnenwasserentnahme verringerte sich von täglichen 348 m³ auf etwa 2 m³. Der Rücklauf des Betriebswassers in den Schluckbrunnen von bis zu 14 m³ in der Stunde entfällt. Nur noch bei erhöhtem Wasseranfall im Pufferspeicher wird das Überlaufwasser versickert. Zudem ermöglicht die niedrigere Gesamtwasserumlaufmenge im geschlossenen Betriebswasserkreislauf eine bessere Wassertemperatureinhaltung, wodurch sich der Energiebedarf des gesamten Pumpensystems verringert.

5.1.7 Vulkanfieberherstellung

Vulkanfiber-Fabrik Ernst Krüger GmbH & Co. KG, Nordwass 39, 47608 Geldern
Vulkanfiberherstellung und Verarbeitung, 50 Mitarbeiter

Die Vulkanfiber ist ein vielseitiger Werkstoff. Sie zeichnet sich durch Antistatik, Elastizität und geringes Gewicht aus. Vulkanfiber ist ein Werkstoff aus nachwachsenden Rohstoffen: Sie wird aus ungeleimten Spezialpapier aus Baumwoll-Linters und Zellstoff durch Einwirkung einer Zinkchloridlösung hergestellt. Bei der Ernst Krüger GmbH & Co. KG wird Vulkanfiber als Halbzeug in Form von Platten, Streifen, Rundstäben und Bändern hergestellt, sowie durch Stanzen oder Tiefziehen weiterverarbeitet.

Ein wesentlicher Arbeitsschritt bei der Herstellung ist das Auswaschen des Zinkchlorids in mehreren hintereinander geschalteten Waschbädern. Dabei fiel Abwasser mit einer Restkonzentration an Zinkchlorid an, das früher durch eine Flockung/Fällung aus der Wasserphase abgetrennt wurde. Das Abwasser gelangte dann in die öffentliche Kanalisation und die entstandenen zinkcarbonathaltigen Schlammrückstände wurden nach der Entwässerung in einer Kammerfilterpresse zur Zinkrückgewinnung verbracht. Mit dieser Behandlung gelang es, das Zinkcarbonat nach den Forderungen der Betreiber der örtlichen Kläranlage zu entfernen. Spuren von Zink verblieben dennoch im Abwasser. Die zum Produktionsprozess benötigte Spülwassermenge von ca. 30.000 m³ im Jahr wurde aus entcarbonisiertem Brunnenwasser gedeckt.

Um Wasser einzusparen, wurde eine Prozesswasseraufbereitung in den Produktionsablauf integriert, die eine Kreislaufführung des Prozesswassers ermöglicht. Dazu wurde eine Umkehrosmoseanlage in den Ablauf des Wasserbades eingebaut (Abb. 5.5). Das Permeat der Umkehrosmose hat die Qualität von voll entsalztem Wasser und kann dadurch dem Wasserbad wieder zugeführt werden. Dadurch wird die Produktqualität verbessert

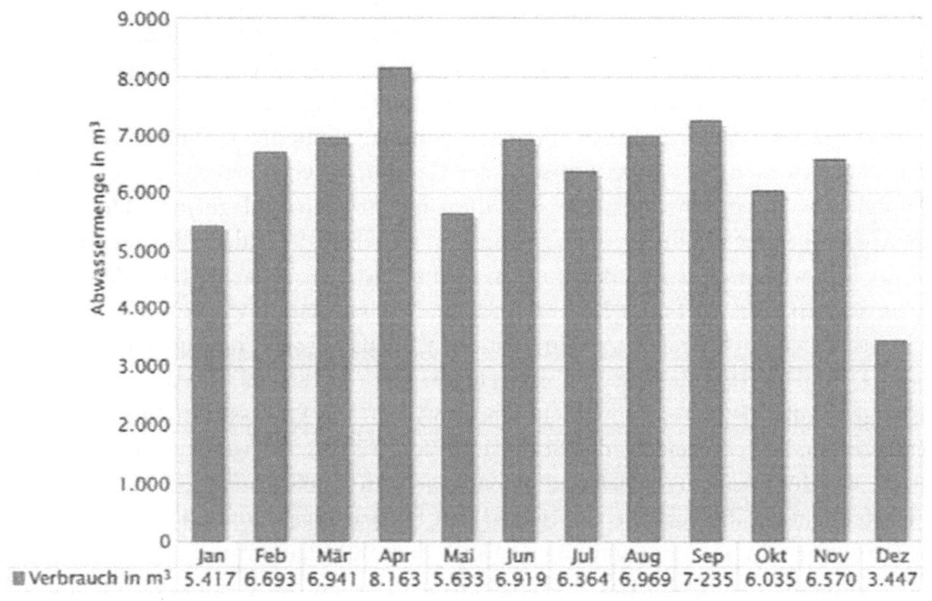

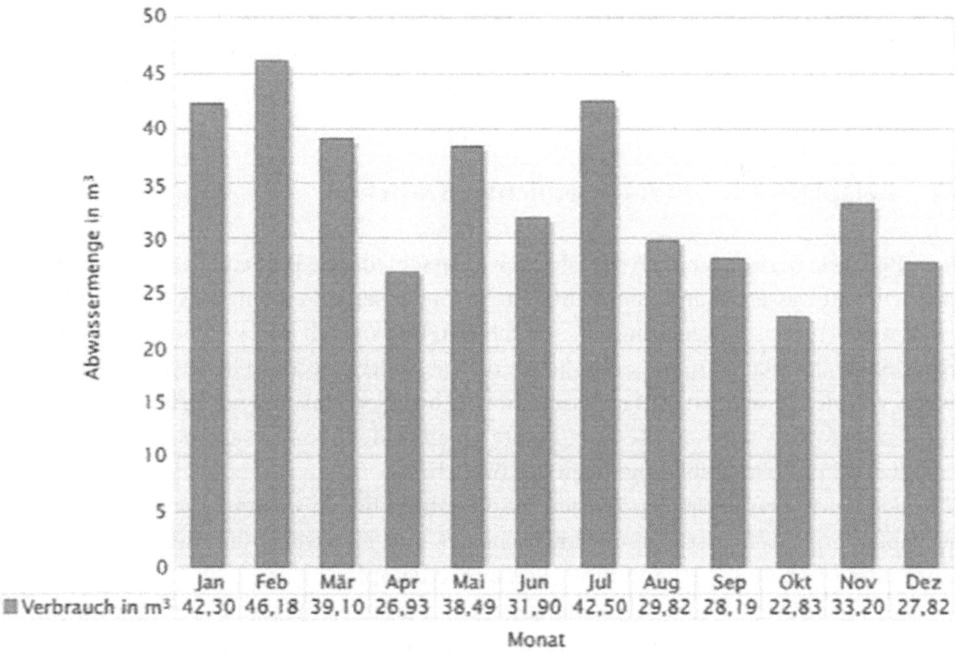

Abb. 5.4 Wasserverbrauch vor dem Bau der Anlage 1999 (oben) und nach dem Bau 2000 (unten)

und vor allem der Frischwasserverbrauch um 90 % reduziert. Lediglich Verdunstungs- und Verschleppungsverluste werden noch durch Frischwasser ersetzt. Das Retentat mit dem Zinkchlorid wird im Laugenbad in der Produktion wieder eingesetzt.

Durch den Einsatz der Umkehrosmoseanlage in der kontinuierlichen Vulkanfiber-Herstellung reduzierte sich die Abwassermenge des Gesamtbetriebes bereits um die Hälfte. Der Anschluss weiterer Abwasserströme an die Umkehrosmoseanlage aus anderen Betriebsbereichen verringerte die Abwassermenge um weitere 10 %. Zuletzt brachte der Anschluss des Kühlwassers eine Reduzierung um zusätzliche 20 %, sodass sich die Abwassermenge im Betrieb insgesamt um 80 % verminderte. Die Installation wurde am 31.12.1997 abgeschlossen. Die umweltrelevanten Investitionen für das Projekt betrugen 190.000,- € (373.000,- DM). Die Höhe des Zuschusses betrug 95.100,- € (186.000,- DM).

Das angewandte Verfahren ermöglicht eine abwasserfreie Prozessführung und damit eine entsprechende Reduzierung der Schadstofffracht (Zink). So werden jährlich etwa 18.000 m^3 Frischwasser eingespart und es entsteht kein Zinkcarbonat-Schlamm mehr. Das entlastet deutlich die Umwelt. Es ergeben sich Einsparungen durch die Reduzierung der Kosten zur Frischwasseraufbereitung und auch durch die deutlich reduzierten Abwasserkosten. Außerdem verbleibt das Zinkchlorid im Kreislauf des Produktionsprozesses, sodass der Ersatzbedarf minimiert wird und die teure Aufbereitung des Zinkcarbonat beim Zinkchlorid-Lieferanten entfällt. Im Rahmen der Verleihung des Effizienz-Preises des Landes Nordrhein-Westfalen am 28.11.2000 erhielt die Firma Vulkanfiber für diese Maßnahme den Sonderpreis „Good-Practice-Beispiel".

5.2 Beispiele aus unterschiedlichen Branchen

Diese Beispiele berücksichtigen sowohl sehr unterschiedliche Branchen als auch sehr verschiedener Abwasserbehandlungstechniken an. Sie lassen erkennen, dass die Einführung des Abwasserrecycling weder branchetypisch sein muss, noch durch irgendeine Betriebsgröße eingeschränkt wird. Was den Stand der gewählten Technik betrifft, ist dieser abhängig von der jeweiligen Ausgangssituation (Abwasserbelastung und Abwassermenge) und den Anforderungen an die gewünschte Qualität des Prozesswassers, sowie von den wirtschaftlichen Rahmenbedingungen des Betriebes.

In den gewählten Beispielen reichen die Verfahren der Abwasserbehandlung von rein mechanischen Abscheidern (Lamellenabscheider und Filtervlies) über Membrantechnik (Ultrafiltration) bis zur Verdampfung (Vakuumverdampfer).

Diese Techniken, so unterschiedlich sie auch in ihrer Technikstufe sein mögen, haben einen gemeinsamen Nenner. Sie erfüllen ihre Aufgabe, die Aufbereitung von Abwasser zur wiederverwendbarem Prozesswasser. Abwasserrecycling ist nicht an eine High-Technik gebunden, sondern sie obliegt der Ingenieurkunst des Anlagenplaners.

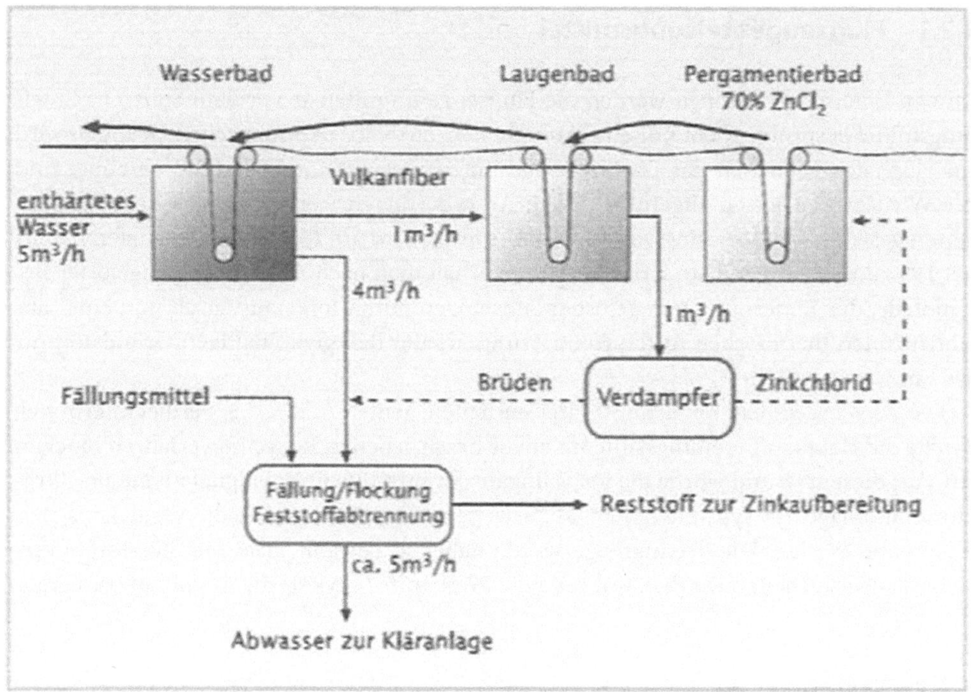

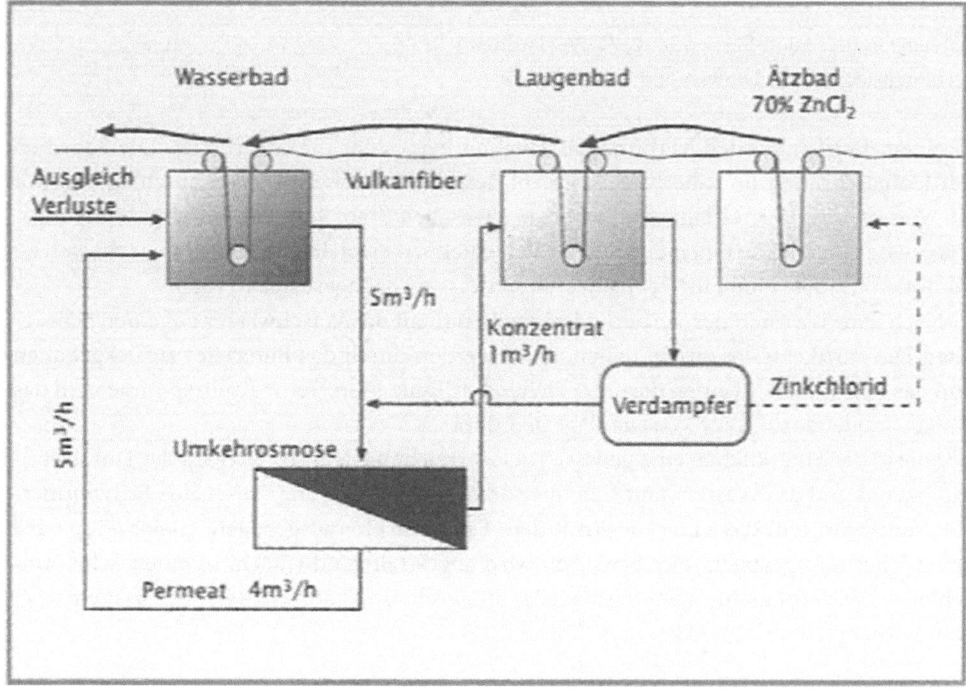

Abb. 5.5 Verfahrensfließbilder vor der Durchführung der Maßnahme (oben) und danach (unten)

5.2.1 Flugzeugenteisungsmittel

An den Enteisungsstationen werden die Flugzeuge unmittelbar vor dem Start mit Enteisungsmittel besprüht. Nicht nur aus ökologischen, auch aus ökonomischen Gründen wird am Flughafen München das überschüssige Enteisungsmittel aufgefangen, gereinigt und der Wiederverwendung zugeführt. Hohe Anforderungen werden an das Recyclingverfahren gestellt. Das Recycling von Enteisungsmittel wird am Münchner Flughafen bereits seit 1992 durchgeführt. Durch das Verfahren erhält man nach Abtrennung ungelöster Bestandteile, der Entfernung von gelösten Substanzen durch Ionenaustausch und einer abschließenden thermischen Aufkonzentrierung, wieder den glykolhaltigen Grundstoff für das Enteisungsmittel.

Die zu recycelnden Enteisungsmittel enthalten heute zusätzliche Verdickungsmittel, welche die Hauptaufbereitungsstufe im zuvor beschriebenen Recyclingverfahren blockieren. Aus diesem Grund wurde die Recyclinganlage am Münchner Flughafen um die Ultrafiltrationsanlage des Typs Envopur ® UFI erweitert (Abb. 5.6), so dass die Verdicker sicher abgetrennt werden. Die Trenngrenze wurde dabei so gewählt, dass die Störstoffe (Verdicker) zurückgehalten werden, während die Wertstoffe (Glykol) die Membran passieren.

5.2.2 Waschwasser

Leiblein GmbH, Adolf-Seeber-Str. 2, 74736 Hardheim
Verfahrenstechnik für Umweltschutz und Chemie

In einem Betrieb werden Verbundglasscheiben hergestellt und bearbeitet. Die Scheiben werden geschnitten und die Kanten geschliffen. Die Scheiben werden anschließend mit VE-Wasser, das im Kreislauf geführt wird, gewaschen (Tab. 5.1). Um bessere Reinigungsergebnisse zu erzielen, einen geringeren Verschleiß zu erreichen und die Wasserkosten zu minimieren, sollte eine Filtrierung des Waschwassers nachgerüstet werden.

Nach dem Waschen der Verbundglasscheiben fließt das Waschwasser auf einen Schrägfilter. Die Partikel (Glasabrieb, Folien, usw.) werden durch das Filtervlies zurückgehalten und das Filtrat fließt in einen darunter stehenden Tank. Durch eine Kreiselpumpe wird das Wasser wieder zurück zur Waschanlage gepumpt.

Sobald der Filterkuchen eine gewisse Dicke erreicht hat, vergrößert sich der Durchflußwiderstand und das Wasser staut sich über dem Filterkuchen an. Durch eine Schwimmerschaltung wird nun das Filtervlies (mit dem Schlamm) herausgezogen. Gleichzeitig wird neues Vlies nachgezogen. Der Schlamm wird abgestreift und rutscht in einen Schlammbehälter. Das verbrauchte Vlies wird wieder aufgerollt und kann entweder separat entsorgt oder wiederverwendet werden (vgl. Abb. 5.7).

Vorbehandlung mit der Ultrafiltration Envopur® UFI

TECHNISCHE DATEN

Leistung: 4,8 m³/h

Membranmaterial: Keramik

Schaltung: Feed and Bleed

Abb. 5.6 Ultrafiltrationsanlage Envopur ® UFI und spezifikationen

Tab. 5.1 Technische Daten

Parameter	Spezifikation
Wasserart	VE-Wasser
Kreislauf-Volumenstrom	200 l/min.; 5,5 bar
Temperatur	60°C
Filterfläche	0,7 m²
Filtervlies	Polyester

5.2.3 Schotterwerk und Splittwaschanlage

Leiblein GmbH, Adolf-Seeber-Str. 2, 74736 Hardheim
Verfahrenstechnik für Umweltschutz und Chemie

Es handelt sich um eine Waschwasserkreislaufführung ohne Flockungsmittel in einem Schotterwerk mit Hilfe eines Lamellenabscheiders (Abb. 5.8).

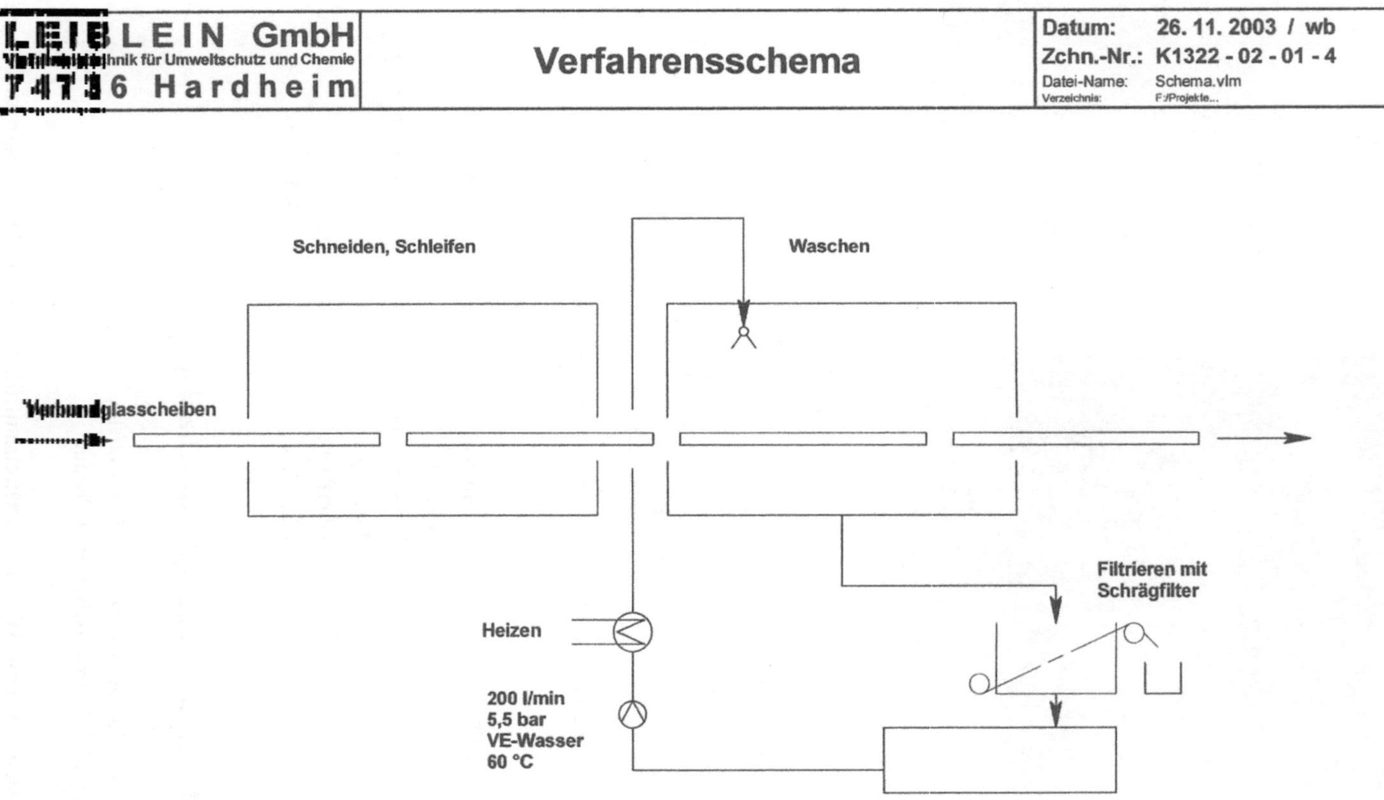

Abb. 5.7 Waschwasserkreislaufführung

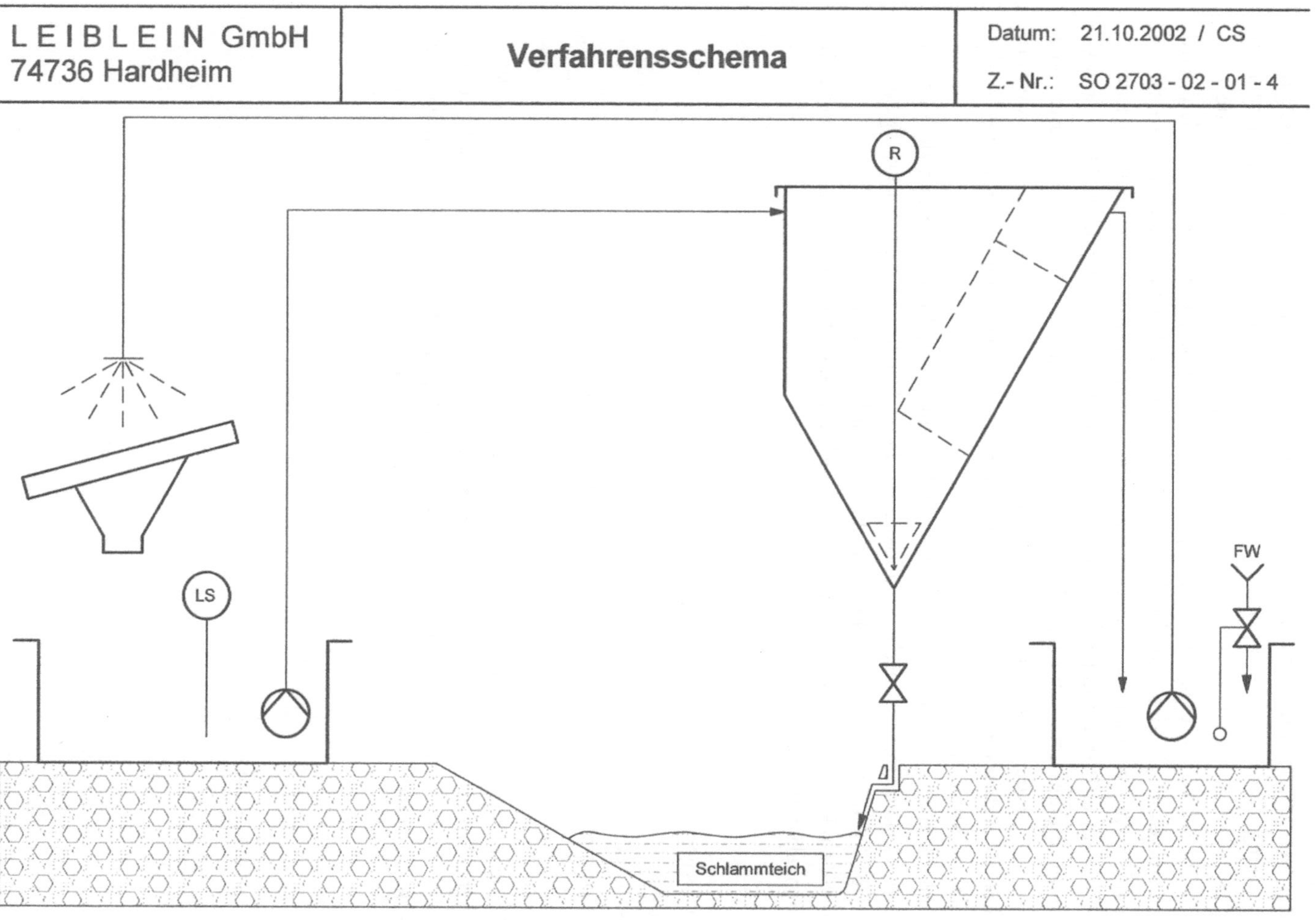

Abb. 5.8 Verfahrensschema der Kreislaufwasserführung einer Splittwaschanlage

Zur Herstellung von hochwertigem Betonsplitt benötigt man viel Waschwasser für die Bebrausung. Dieses Waschwasser kann im Kreislauf geführt werden, wenn es permanent gereinigt wird. Dafür eignet sich z. B. ein Leiblein-Schrägklärer (Lamellenabscheider).

Das Waschwasser, belastet mit Feinpartikeln und mineralischen Bestandteilen, wird dem Lamellenabscheider zugeführt und die Partikel mittels lamellar angeordneten, schräg stehenden Wabenlamellen abgetrennt. Das so gereinigte Waschwasser gelangt wieder in den Wasserkreislauf. Im unteren, zum Trichter geformten Ende des Schrägklärers bilden die abgetrennten Schlammpartikel ein Schlammsediment, das einfach abgelassen oder abgepumpt werden kann. Unterstützend kann sich hier ein langsam laufendes Rührwerk auswirken, welches ein Verbacken des Schlammes verhindert und stets für eine breiige, fließfähige Konsistenz sorgt.

Bemerkenswert ist, dass eine Zugabe von Flockungsmitteln nicht erforderlich ist, das Wasser also keinerlei chemische Veränderung erfährt. Für eine weitere Trocknung können bei Bedarf von Leiblein ergänzende Verfahren empfohlen werden.

In einem konkreten Anwendungsfall ergab sich ein gutes Trennergebnis bei einer Klärflächenbelastung von weniger als 0,7 m/h.

Klärfläche Schrägklärer:	150 m^2
Durchsatz:	100 m^3/h
Feststoffgehalt:	max. 2 t/h
Schlammvolumen:	ca. 6,5 m^3/h

Bei einem Durchsatz von 100 m^3/h und einer Klärfläche von 150 m^2 ergibt sich eine Klärflächenbelastung von ca. 0,67 m/h. Das Sediment besteht zu ca. 30 % aus Feinsplitt und zu ca. 70 % aus mineralischen Bestandteilen. Der Feststoffgehalt des abgezogenen Schlammes liegt bei ca. 30 %.

Stoffrückgewinnung aus Abwässern 6

6.1 Prozesswasserrecycling mit Wertstoffrückgewinnung

Eng verbunden mit der Kreislaufführung von Prozesswässern ist die *Rückgewinnung* von *Abwasserinhaltsstoffen*. Abbildung 6.1 verdeutlicht, dass die Kreislaufführung zusammen mit der Energiegewinnung und der Rückgewinnung von Stoffen als anlagenintegrierte Maßnahme eine Säule des Produktionsintegrierten Umweltschutzes (PIUS) darstellt.

Bei der Rückgewinnung von Stoffen aus den Kreislaufwässern stehen die *Wertstoffe* im Vordergrund. Seit Jahrzehnten werden Edelmetalle (z. B. Gold, Silber, Platin und andere) aus *wirtschaftlichen Gründen* aus Abwässern zurückgewonnen. Zunehmend werden Buntmetalle (Kupfer, Nickel und Chrom etc.) recycelt (Hartinger 1991). Natürlich hat die Preisgestaltung bzw. die Verknappung dieser Metalle einen starken Einfluss auf die Einführung der Recyclingtechnik. Mit Anstieg der Erdölpreise hat auch bei organischen Stoffen, wie z. B. Lösemitteln, das Interesse an ihrer Wiederverwertung zugenommen. Neben den schwankenden Rohstoffpreisen, ist eine ganze Reihe von weiteren Einflussgrößen bei der Rückgewinnung von Abwasserinhaltsstoffen zu beobachten. Die Einführung von Recyclingtechniken wird i. A. beeinflusst von Kriterien wie:

- Verfügbarkeit der Rohstoffe
- Preise der Stoffe
- Entsorgungskosten für Abfälle
- Anforderungen an die Abwasserbehandlung
- Anforderungen an die Abfallentsorgung
- Stand der Abwassertechnik

Im folgenden Kapitel erhält der Leser an Hand von einigen Praxisbeispielen aus unterschiedlichen Branchen einen Einblick in die Möglichkeiten und die Vielfalt des Wertstoffrecycling aus Industrieabwässern. Als Anregung zeigen diese Beispiele auch, dass ein brei-

R. Stiefel, *Abwasserrecycling und Regenwassernutzung*,
DOI 10.1007/978-3-658-01040-9_6, © Springer Fachmedien Wiesbaden 2014

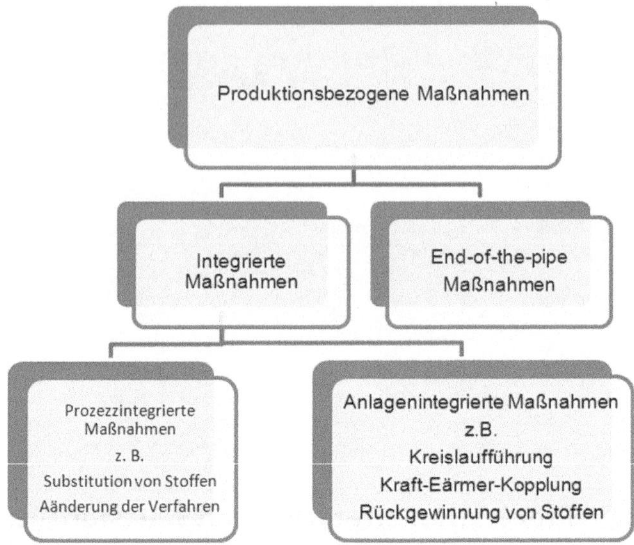

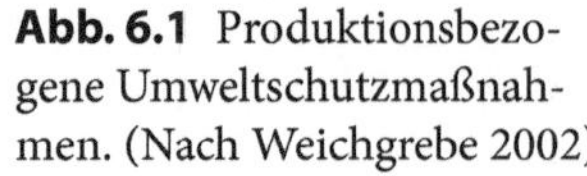
Abb. 6.1 Produktionsbezogene Umweltschutzmaßnahmen. (Nach Weichgrebe 2002)

tes Repertoire an technischen Verfahren existieren, die im Einzelfall zu einer individuellen Lösung kombiniert werden können.

Alle Verfahren besitzen angesichts der Vielfalt der Abwasserinhaltsstoffe ihre Stärken aber auch ihre natürlichen Leistungsgrenzen, bedingt durch die jeweiligen chemischen oder physikalischen Grundprinzipien der einzelnen Verfahren. Oft hilft zur Optimierung die Kombination von verfahrenstechnisch unterschiedlichen Methoden. Tabelle 6.1 zeigt Verfahren zum Stoffrecycling, die separat oder in einer solchen Kombination ihre Anwendung in der Praxis finden.

Wenn es darum geht, *komplexe* Abwässer zu behandeln und einzelne Abwasserinhaltsstoffe als *verwertbare* Stoffe zu gewinnen, ist das wirtschaftliche und technische Gesamtkonzept der Rückgewinnung die relevante Größe. Vielfach helfen Pilotversuche, um die ausgewählten Techniken unter Praxisbedingungen zu testen. Sie haben den Vorteil, dass Schwachstellen unter den realen Betriebsbedingungen erkannt werden und bieten die Möglichkeit den Verfahrensablauf zu optimieren, was für die Wirtschaftlichkeit eines Verfahrens entscheidend sein kann.

Eine besondere Aufmerksamkeit bei der Rückgewinnung von Wertstoffen aus Abwässern kommt der Membrantechnik zu. Ihre Stärke beruht auf ihrer Vielseitigkeit gegenüber sehr unterschiedlichen Stoffen und Stoffgruppen. Metalle können mit diesem Verfahren genauso zurückgewonnen werden wie Säuren und Laugen oder eine Vielzahl organischer Stoffgruppen. Es ist ein rein physikalisches Verfahren, dessen Auswahlkriterien aus der Wahl der Membrane und der Intensität des gewählten Druckes bestehen. Zur Vertiefung der Kenntnisse über die Membrantechnik und ihr vielseitigen Anwendungen sei auf die

Tab. 6.1 Verfahren zur Wertstoffgewinnung aus Abwässern nach (Mindesanforderungen an das Einleiten von Abwässern in Gewässer, 1999, verändert und ergänzt)

Verfahren	Stoffe und Stoffgruppen z. B.	Hinweise
Fällung , Sedimentation	Schwermetalle, Phosphat, Fluorid; Sulfat	Monoschlämme erzeugen
Flotation	Öle und Fette	
Adsorption	Organische Stoffe	
Membranverfahren	Anorganische und Organische Stoffe abhängig von Partikel- bzw. Molekülgrößen	Scaling und Fouling möglich Membranverträglichkeit beachten
Mikrofiltration	Schwebstoffe, Feinpartikel	Oft als Vorstufe für nachfolgende Membranstufen
Ultrafiltration	Öle und Fette	
Nanofiltration	Schwermetalle, Härtebildner	
Umkehrosmose	Salze, Lösemittel	
Anaerobe Biologie	CSB und BSB_5	Energiegewinnung Biogas
Elektrolyse	Metalle	Mögliche AOX-Bildung
Ionenaustauscher	Metalle und Anionen	
Elekrodialyse	Ionare Lösungen	Membranverträglichkeit prüfen
Extraktion	Selektive Metallabtrennung	
Kristallisation	Ausfällung von ionaren Lösungen	Scaling beachten
Separatoren Trennung durch unterschiedliche Dichten der Stoffe z. B. Zentrifuge	Anorganische und organische Stoffe	
Strippung	Lösemittel (CKW)	
Verdampfung Verdunstung	Organische und anorganische Stoffe	Wasserdampfflüchtige Stoffe Thermische Belastung der Abwasserinhaltsstoffe

Broschüre Membrantechnik von DWA Themen (2007) hingewiesen. Die Membrantechnik kann ebenfalls separat oder in Kombination mit anderen Verfahren (z. B. biologische Verfahren oder Verdampfung) eingesetzt werden.

Abbildung 6.2 Veranschaulicht die Trenngrenzen der einzelnen Filtrationstechniken. Sie bestimmen welche Stoffe oder Stoffgruppen entsprechen ihren Partikelgrößen mit diesen Verfahren von der Wasserphase abgetrennt werden können. Diese Kenngrößen entscheiden maßgeblich die Wahl des Verfahrens bei Kenntnis der Abwasserinhalstsstoffe.

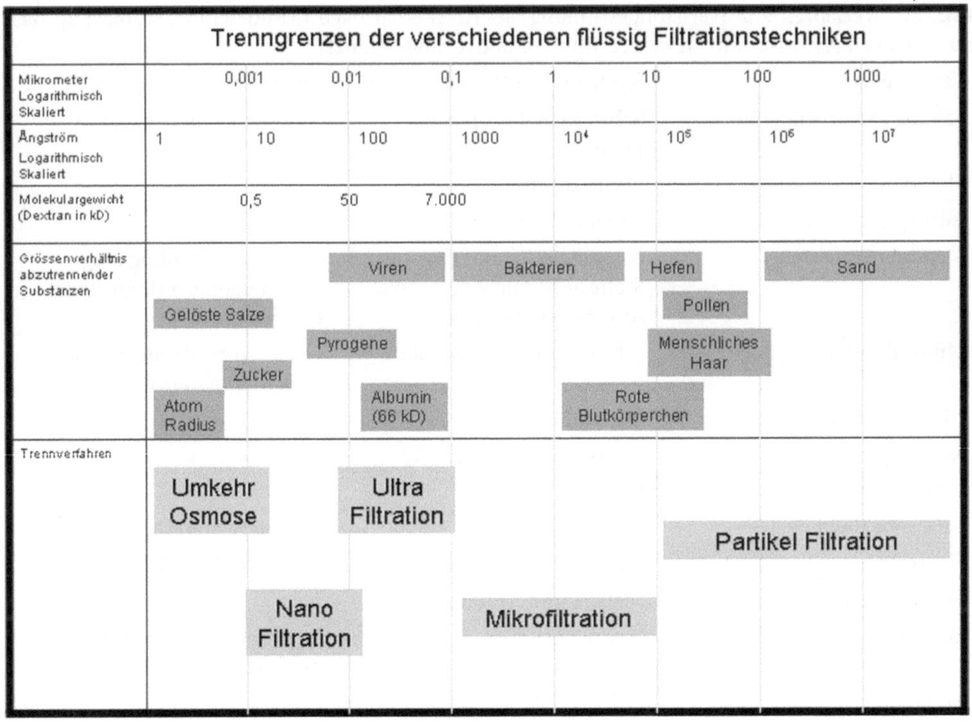

Trenngrenzen der verschiedenen flüssig Filtrationstechniken

	Trenngrenzen der verschiedenen flüssig Filtrationstechniken
Mikrometer Logarithmisch Skaliert	0,001 0,01 0,1 1 10 100 1000
Ångström Logarithmisch Skaliert	1 10 100 1000 10^4 10^5 10^6 10^7
Molekulargewicht (Dextran in kD)	0,5 50 7.000
Grössenverhältnis abzutrennender Substanzen	Viren, Bakterien, Hefen, Sand, Gelöste Salze, Pollen, Pyrogene, Menschliches Haar, Zucker, Atom Radius, Albumin (66 kD), Rote Blutkörperchen
Trennverfahren	Umkehr Osmose, Ultra Filtration, Partikel Filtration, Nano Filtration, Mikrofiltration

Abb. 6.2 Trenngrenzen der verschiedenen flüssig Filtrationstechniken. (Aus Wikipedia.org 2013)

6.2 Abwasserinhaltsstoffe und ihre Behandlungsverfahren

Für die Vielzahl der einzelnen Abwasserinhaltsstoffe (z. B. Kupfer, Zink usw.) sowie Stoffgruppen (z. B. lipophile Stoffe usw.) oder Summenparameter (z. B. CSB (Chemischer Sauerstoffbedarf) existieren unterschiedliche Behandlungsverfahren in der Abwassertechnik. Welches Verfahren für die jeweiligen Abwasserinhaltsstoffe angewandt wird, hängt von einer Reihe von Faktoren ab, wie z. B.:

- Stoffeigenschaften (wasserlöslich, absetzbar, adsorbierbar, biologisch abbaubar, toxisch usw.)
- Abwassermatrix
- Menge des Abwassers
- Anforderungen an die Abwasserbehandlung
- Art des Abwasseranfalls (chargenbetrieb, kontinuierlich usw.)
- Branche usw.

Die Abscheidung eines Stoffes, Stoffgruppe etc. aus dem Abwasser wird mittels eines Verfahren (z. B. Fällung von Schwermetallen) oder in Kombination mit mehreren Verfahren

(z. B. Chromatreduktion und anschließender Fällung) durchgeführt. Im folgenden Text werden gängige Stoffe bzw. Stoffgruppen von Industrieabwässern sowie jeweils eine Auswahl ihrer Abwasserbehandlungs-verfahren aufgelistet:

- Absetzbare Stoffe
  - Flockung
  - Sedimentation
  - Mykrofiltration
  - Verdampfung
- Adsorbierbare Stoffe
  - Adsorptioon (Aktivkohle)
  - Adsorption (Harze)
- Ammonium
  - Aerobe biologische Verfahren
  - Fällung
  - Membranverfahren
- AOX (*Adsorbierbare* ***O****rganisch gebundene Halogene*)-Stoffe
  - Adsorption (Aktivkohle)
  - Membranfiltration
  - Aerobe biologische Verfahren
  - Verdampfung
- Arsen
  - Adsorption
  - Ionenaustauscher
  - Membranverfahren
  - Verdampfung
- Barium
  - Fällung
  - Membranverfahren
  - Verdampfung
- BSB_5 (Biologischer Sauerstoffbedarf in 5 Tagen)
  - Aerobe biologische Verfahren
  - Anaerobe Biologie
  - Membranfiltration
  - Flockung
  - Verdampfung
- Chrom (III)
  - Fällung
  - Ionenaustauscher
  - Membranverfahren
  - Verdampfung
  - Verdunstung

- Chromat
  - Chromatreduktion
  - Membranverfahren
  - Ionenaustauscher
- CKW (chlorierte Kohlenwasserstoffe)
  - Strippung
  - Adsorption (Aktivkohle)
  - Membranverfahren
- CSB (Chemischer Sauerstoffbedarf)
  - Aerobe biologische Verfahren
  - Anaerobe biologische Verfahren
  - Flockung
  - Membranverfahren
  - Verdampfung
- Cyanide
  - Oxidation
  - Fällung
  - Cyanidverbrennung
- Eisen
  - Fällung
  - Membranverfahren
  - Verdampfung
- Emulsionen
  - Flockung
  - Verdampfung
  - Membranverfahren
  - Zentrifuge
  - Emulsionsspaltung
- Faserstoffe
  - Siebe
  - Filter
  - Flockung
  - Sedimentation
- Gold
  - Fällung
  - Elektrolyse
  - Membranverfahren
  - Ionenaustauscher
- Kupfer
  - Fällung
  - Ionenaustauscher
  - Membranverfahren

  - Elektrodialyse
  - Verdampfung
- Kobalt
  - Fällung
  - Verdampfung
  - Membranverfahre
- Lacke und Farben
  - Flockung
  - Flotation
  - Membranverfahren
  - Verdampfung
- Laugen
  - Neutralisation
  - Membranverfahren
  - Elektrodialyse
  - Verdampfung
- Lipophile Stoffe
  - Fettabscheider
  - Membranverfahren
  - Biologische Verfahren
- Mangan
  - Fällung
  - Ionenaustauscher
  - Membranverfahren
  - Verdampfung
- Metallkomplexe
  - Fällung (Sulfide)
  - Verdampfung
  - Membrabcwerfahren
- Nickel
  - Fällung
  - Ionenaustauscher
  - Membranverfahren
  - Verdampfung
- Nitrat
  - Biologische Denitrifikation
  - Membranverfahren
  - Verdampfung
- Nitrit
  - Aerobe biologische Verfahren
  - Chemische Oxydation
  - Chemische Reduktion

  - Membranverfahren
  - Verdampfung
- Öle und Fette
  - Fettabscheider
  - Membranverfahren
  - Zentrifuge
- Phenol
  - aerobe biologische Verfahren
  - Membranverfahren
- Phosphat
  - Fällung
  - Membranverfahren
  - Elektrodialyse
  - Biologische Verfahren
- Quecksilber
  - Fällung
  - Ionenaustauscher
  - Membranverfahren
- Sand
  - Sandfang
  - Sedimentation
- Salze
  - Verdampfung
  - Verdunstung
  - Membranverfahren
- Schwebstoffe
  - Flockung
  - Membranverfahren
  - Filter
- Schwermetalle
  - Fällung
  - Membranverfahren
  - Elektrodialyse
  - Ionenaustauscher
  - Verdampfung
  - Verdunstung
- Silber
  - Fällung
  - Ionenaustauscher
  - Elektrolyse
  - Membranverfahren

- Sulfat
  - Fällung
  - Membranverfahren
  - Elektrodialyse
  - Verdampfung
- Sulfid
  - Fällung
- Säuren
  - Neutralisation
  - Membranverfahren
  - Elektrodialyse
- Tenside
  - Aerobe biologische Verfahren
  - Adsorption
  - Membranverfahren
  - Oxydation
- Tontrübe
  - Flockung
  - Sedimentation
- Zink
  - Fällung
  - Membranverfahren
  - Verdampfung
- Zinn
  - Fällung
  - Membranverfahren

(Hartinger 1976), (Eisenmann 2011), (Mindesanforderungen an das Einleiten von Abwässern in Gewässer 1999), (Wikipedia 2013)

6.3 Zukünftige Entwicklungen in der Wertstoffrückgewinnung

6.3.1 Kreislaufwirtschaft wird Standortfrage

> Kreislaufwirtschaft wird Standortfaktor. Knappe Ressourcen zwingen zum Umdenken. (Schubert 1993)

Dies ist die mahnende Überschrift zu einem Interview von Professor Dr. Hiltmar Schubert zum Thema Kreislaufwirtschaft. Auf die Frage: „Der von Ihnen geleitet Arbeitskreis nennt sich Wirtschaften in Kreisläufen. Was muss man darunter verstehen?“ Antwortete Prof. Dr. Schubert: „Kreislaufwirtschaft ist ein ökologisches Leitbild von Wirtschaftsprinzipien vor dem Hintergrund der Verknappung von Quellen (Ressourcen, Energie) und Senken (Entsorgung). Ziel der Kreislaufwirtschaft ist es, durch die Rückführung von Erzeugnissen, Stoffen und Energie, Kreisprozesse zu etablieren, die eine Verlängerung der Nutzungsdauer von Ressourcen ermöglichen. Das Leitbild ist ein wichtiger Einflussfaktor, der den zukünftigen Produktionsstandort Deutschland kennzeichnen wird." (Schubert 1993).

Worte, die heute durch zunehmende Verknappung und Verteuerung von Rohstoffen und Energie die Dringlichkeit einer nachhaltigen Kreislaufwirtschaft anmahnen. Für produzierende Betriebe besteht eine Zukunftsaufgabe darin, sich Ressourcen und Energie langfristig zu sichern.

6.3.2 Kreislaufwirtschaft und Stand der Technik

Entwicklungen zur Wertstoffrückgewinnung aus Abwässern finden mehr und mehr Niederschlag in gesetzlichen Anforderungen. Abwassererzeuger sollten die Branchenentwicklungen daher besonders beachten, da sie bald durch entsprechende Anforderungen direkt tangiert werden könnten.

Wichtige Hinweise zu Techniken und Stoffstromanalysen bietet eine Studie im Auftrag des Umweltbundesamtes (UBA) über die Anpassung des Standes der Technik in der Abwasserverordnung (Köppke 2009). In der Studie ist die Stoffstromanalyse eine wichtige Grundlage zur Bewertung der Abwasserströme in Betrieben. Abbildung 6.3, aus dem Bereich Chemie (Anhang 22), zeigt die einzelnen Kriterien einer Stoffstromanalyse auf, die für die Ableitung des Standes der Technik herangezogen werden. Deutlich ist hier die Zielhierarchie positioniert.

Vermeidung > Verwertung > Behandlung

Die einzelnen Abwasserströme (Input-Stoffströme) werden unter der Prämisse Vermeidung vor Verwertung und Verwertung vor Behandlung durchdekliniert. Der Output in die Umwelt (Gewässer) soll den Anforderungen der EU-Wasserrahmenrichtlinie entsprechen.

Alle Abwasserteilströme eines Betriebes sollen nach diesen Grundsätzen untersucht und bewertet werden. Das kann für den Abwassererzeuger bedeuten, dass eine Zuführung eines Abwasserstromes in eine Abwasserbehandlungsanlage nur dann zulässig ist, wenn die Rückgewinnung oder Verwertung nach Prüfung des Einzelfalles nicht möglich oder unzumutbar ist. Abbildung 6.4 verdeutlicht die klare Rangordnung der Prüfungskriterien.

Für Betriebe, die möglicherweise von diesen Entwicklungen betroffen sind, empfiehlt es sich Konzepte parat zu haben, wie diese Anforderungen betrieblich umgesetzt werden können.

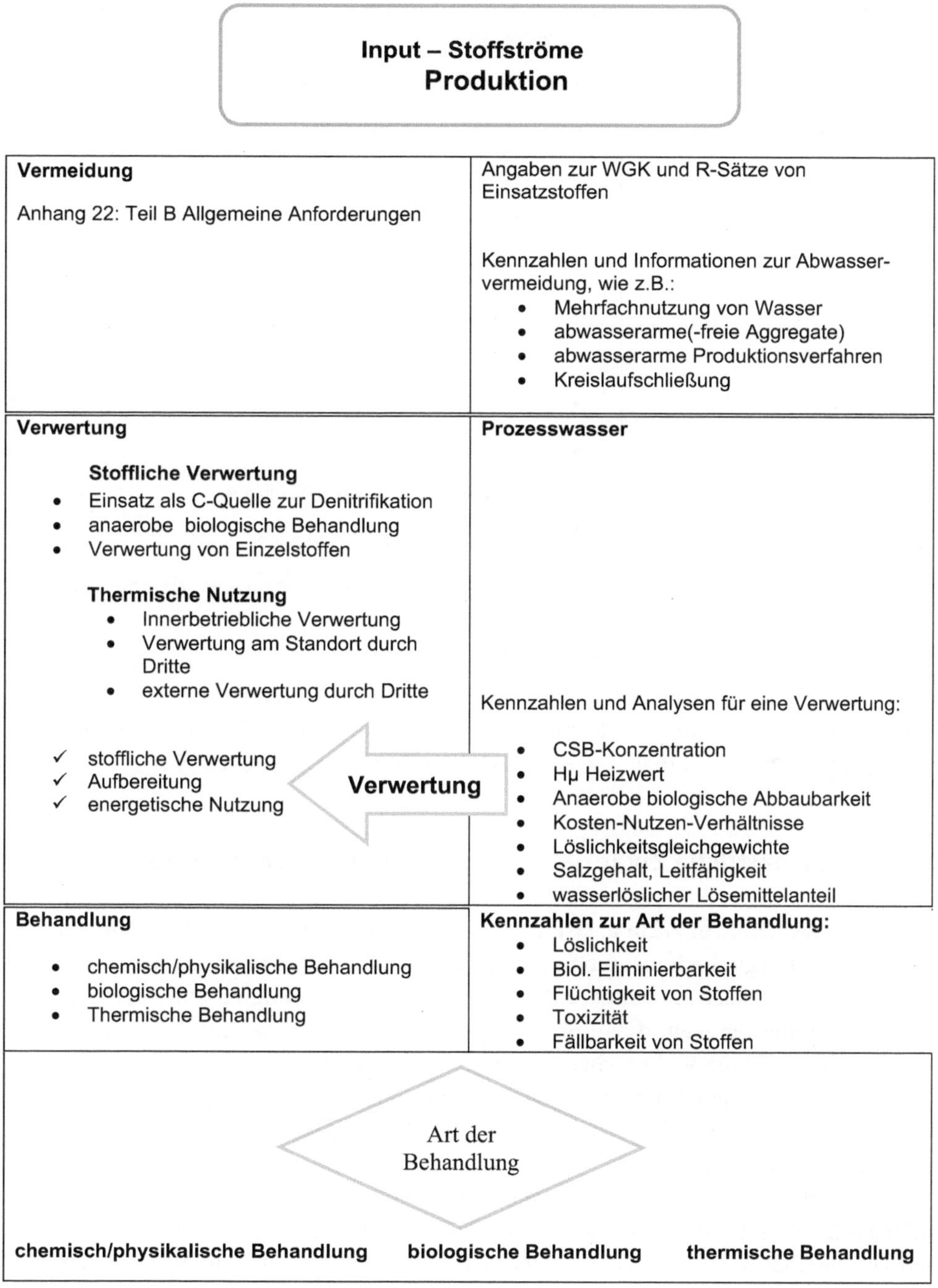

Input – Stoffströme
Produktion

Vermeidung Anhang 22: Teil B Allgemeine Anforderungen	Angaben zur WGK und R-Sätze von Einsatzstoffen Kennzahlen und Informationen zur Abwasser-vermeidung, wie z.B.: • Mehrfachnutzung von Wasser • abwasserarme(-freie Aggregate) • abwasserarme Produktionsverfahren • Kreislaufschließung
Verwertung **Stoffliche Verwertung** • Einsatz als C-Quelle zur Denitrifikation • anaerobe biologische Behandlung • Verwertung von Einzelstoffen **Thermische Nutzung** • Innerbetriebliche Verwertung • Verwertung am Standort durch Dritte • externe Verwertung durch Dritte ✓ stoffliche Verwertung ✓ Aufbereitung ✓ energetische Nutzung ← **Verwertung**	**Prozesswasser** Kennzahlen und Analysen für eine Verwertung: • CSB-Konzentration • Hµ Heizwert • Anaerobe biologische Abbaubarkeit • Kosten-Nutzen-Verhältnisse • Löslichkeitsgleichgewichte • Salzgehalt, Leitfähigkeit • wasserlöslicher Lösemittelanteil
Behandlung • chemisch/physikalische Behandlung • biologische Behandlung • Thermische Behandlung	**Kennzahlen zur Art der Behandlung:** • Löslichkeit • Biol. Eliminierbarkeit • Flüchtigkeit von Stoffen • Toxizität • Fällbarkeit von Stoffen

Art der Behandlung

chemisch/physikalische Behandlung **biologische Behandlung** **thermische Behandlung**

Abb. 6.3 Schema Stoffstromanalyse. (Nach Köppke 2009)

1. Vermeidung durch:
- Mehrfachnutzung von Wasser
- Abwasserarme Aggregate
- Abwasserarme Produktionsverfahren
- Kreislaufschließung

2. Verwertung durch:
- stoffliche Verwertung
- Anaerobe Nutzung (Energiegewinnung)
- Verwertung von Einzelstoffen
- Thermische Nutzung

3 Abwasserhandlung in Bezug auf:
- Toxizität des Abwassers
- Eigenschaften der Abwasserinhaltsstoffe

Abb. 6.4 Rangordnung der Prüfkriterien zur Abwasservermeidung

Vielfach existieren Bespiele in anderen Firmen, die als Ideenkonzept nützlich sind. Gute Dienste können die zahlreichen Bespiele von Optimierungsmaßnahmen im Rahmen von Förderprogrammen der Effizienzagentur von NRW (ww.efanrw.de) leisten.

6.4 Wirtschaftliche Zwänge und gesetzliche Anforderungen

Rohstoffe allgemein, vor allem aber Buntmetalle haben in den letzten Jahren zunehmend wieder eine strategische Bedeutung erlangt. „Die Buntmetalle Preise verändern sich mit dem Angebot“ (Wallstreet online 2010). So lautet die Einleitung zu einem Artikel von wallstreet: online., er zeigt, dass Rohstoffe gefragte Anlagenwerte sind. Das bedeutet im Umkehrschluss für die Verbraucher oder Nutzer, es kann zu einer Verknappung des Angebotes dieser Metalle führen bzw die Preise steigen. Für Verwender dieser Rohstoffe, zu denen z. B. Kupfer, Nickel, Chrom gehören, stellt sich zwangläufige die Frage: Wie kann ich meinen Rohstoffbedarf sichern?

Eine Möglichkeit liegt in der Rückgewinnung von Rohstoffen aus den Abwässern, die bislang sehr oft nur wie Abfall entsorgt wurden. Metallabfälle sind Rohstoffe im eigenen Betrieb. Die Chancen liegen in der Nutzbarmachung oder konkret in der Rückführung aus dem Abwasser in den Produktionsprozess.

Weitere Einflüsse auf die Entwicklung der Wiedergewinnung von Wertstoffen aus Abwässern können vom Gesetzgeber erwarten werden. Anlass dazu bietet einen Blick auf den Arbeitsentwurf eines Gesetzes zur Neuordnung des Kreislaufwirtschafts- und Abfall-

1. Vermeidung

2. Vorbereitung zur Wiederverwertung

3. Recycling

4. Sonstige Verwertung, insbesondere energetische Verwertung und Bergeversatz

5. Beseitigung

Abb. 6.5 Abfallhierarchie im Arbeitsentwurf eines Gesetzes zur Neuordnung des Kreislaufwirtschafts- und Abfallrechts aus (Bundesministerium für Umwelt und Reaktorsicherheit 2010); Anmerkung: Das Kreislaufwirtschaftsgesetz – KrWG trat am 01.06.12 in Kraft. Siehe Bundesgesetzblatt (BGBl IS. 212)

rechts wirft (Bundesministerium für Umwelt, Naturschutz und Reaktorsicherheit 2010). In diesem Gesetzentwurf ist besonders die angestrebte Abfallhierarchie in § 6 im Teil 1 (Abb. 6.5) dieses Arbeitspapieres sehr informativ. Oberste Priorität besitzt die Vermeidung von Abfällen. Die Vorbereitungen zur Wiederverwertung und das Recycling ist deutlich vor einer Reihe von anderen Maßnahmen positioniert. Dieser Arbeitsentwurf ist unter den Bundesministerien noch nicht abgestimmt (Stand: Januar 2010). Gedanklich sollte sich jedoch jeder Abfallerzeuger, wozu auch eine Abwasserbehandlungsanlage zählt, mit den Konsequenzen für den eigenen Betrieb hinsichtlich der Abfälle aus der Abwasserbehandlung auseinandersetzen. Es erhebt sich sofort die Frage, wie kann der Betrieb die möglichen Auflagen erfüllen? Welche Änderungen ergeben sich für die Abwasserbehandlung? Im nächsten Kapitel wird auf konkrete Praxisbeispiele für die Rückgewinnung von Wertstoffen aus unterschiedlichen Abwasserarten eingegangen.

7 Beispiele für Wertstoffgewinnung aus Abwässern

Die Wertstoffgewinnung aus Industrieabwässern ist weit gefächert, sie tangiert fast alle Industriebranchen. Beispielhaft werden die Rückgewinnung vier sehr unterschiedliche Abwasserstoffe – Härtereisalze (Abb. 7.1), Nickel (Abb. 7.2), Latexähnliche Verbindungen (Abb. 7.3), Schwermetalle und Konzentrate aus der Farbmittelherstellung und Druckwalzreinigung (vgl. Anhang) – mit verschiedenen Verfahren vorgestellt. Sie beweisen uns, dass auch sehr komplexe Abwässer soweit technologisch aufbereitet werden können, dass die Abwasserinhaltsstoffe wieder dem Wirtschaftskreislauf zugeführt und das Abwasser als Prozesswasser wiederbenutzt werden kann. Bekannt ist das sehr hohe Technologieniveau im Bereich Oberflächentechnik auf diesem Sektor, aber auch in fast allen anderen Branchen finden sich immer mehr Beispiele auf diesem Sektor.

Welche Möglichkeiten bestehen für einen Betrieb sich über den speziellen Stand der Rückgewinnungstechnik in seiner Branche zu informieren?

Hier sei auf den Fundus der „Beispiel-Datenbank“ unter www.efanrw.de mit zahlreichen Branchenmodellen hingewiesen. Weiterhin seien die sehr zahlreichen Veröffentlichungen, Broschüren, Forschungsberichte etc. des UBA (siehe www.uba.de) genannt.

Mittels einer Internetrecherche (z. B. über Goggle.de) mit der Eingabe „Wertstoffrückgewinnung aus Abwässern“ erhält man einen Überblick über die zahlreichen Neuerungen und Angebote von Fachfirmen etc. auf diesem Gebiet.

Diese Abfrage kann man variieren mit der Abfrage „Branche (des Unternehmen) Wertstoffrückgewinnung aus Abwässern“, um sich über das angebotene Knowhow in der jeweiligen Branche zu informieren

Eine weitere Informationsquelle stellen die Fachverbände der einzelnen Industriebrachen dar, die meist spezielle Arbeitskreise zu diesen Themen unterhalten

R. Stiefel, *Abwasserrecycling und Regenwassernutzung*,
DOI 10.1007/978-3-658-01040-9_7, © Springer Fachmedien Wiesbaden 2014

VACUDEST® - *Praxis*

Härterei

Spülwasseraufbereitung nach dem VACUDEST® - Verfahren

Referenzen: EADS

VOGT

Anwendung: Spülwasser aus Härtereien mit nitrit- nitrathaltigen AS-Salzen

Inhaltsstoffe: Alkalinitrit, Alkalinitrat

Beschreibung: Die Spülwässer aus Härtereien enthalten eine relativ hohe Salzfracht und dürfen ohne Aufbereitung nicht in die Kanalisation eingeleitet werden. Die VACUDEST® -Anlagen haben gegenüber der herkömmlichen Technik wie der chemisch/ physikalischen Behandlung den Vorteil, dass das Destillat und das Konzentrat im Prozess wieder genutzt werden kann. Atmosphärische Verdunster haben im Vergleich zur Vakuumdestillation geringe Durchsatzleistungen bei einem ca. 10-fach höheren spezifischen Energiebedarf und arbeiten nicht emissionsfrei.

Falls das Spülwasser einen größeren Anteil an Zunder oder Abrieb enthält, sollte dieser vor der Destillation mittels Filter abgetrennt werden.

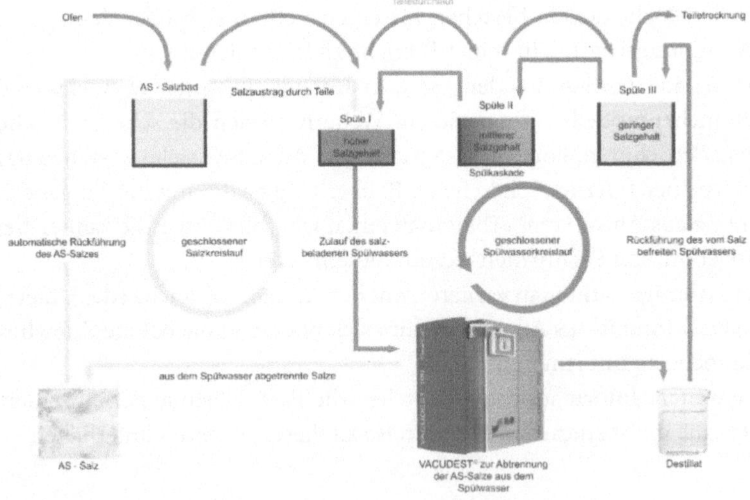

www.vacudest.com

08/01

Abb. 7.1 Spülwasseraufbereitung in einer Härterei

VACUDEST® - *Praxis*

Praxis: Bei der Destillation der Spülwässer erhält man ein nahezu salzfreies Destillat, welches man erneut als Spülwasser einsetzen kann. Der hochkonzentrierte Salzrückstand aus dem Verdampfer kann bei Nitrit/Nitrat-Salzen im Härtebad wieder verwendet werden. Eine Kreislaufführung des Destillates und des Rückstandes ist somit bei den VACUDEST® - Vakuumdestillationsanlagen möglich.

Analysenwerte:

Destillatqualität:

Leitwert	µS/cm	20 - 30
pH-Wert		5,8 – 7,5
Nitrit	mg/l	< 0,01
Nitrat	mg/l	< 0,01

abhängig vom eingesetzten Produkt

Leistungsfähigkeit der VACUDEST® bei Härtereispülwässern

Eindampfrate 98,0

Leitwert-Reduzierung 99,8

0% 20% 40% 60% 80% 100%

www.vacudest.com

08/01

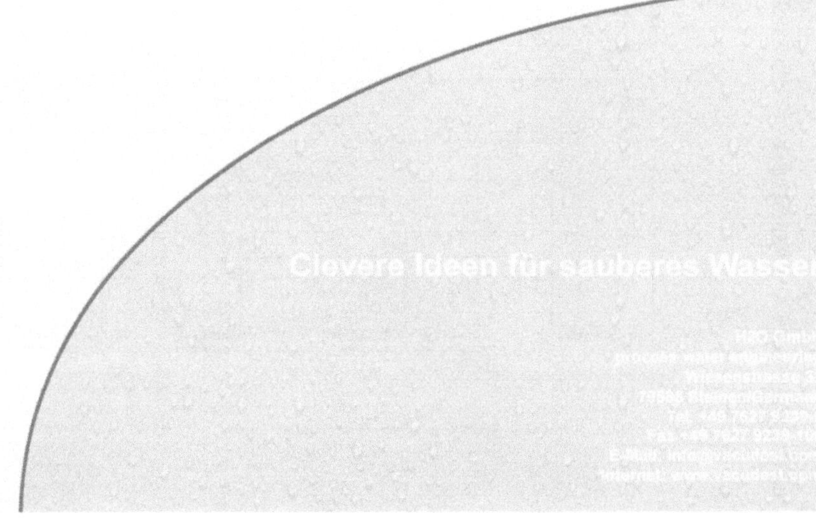

Abb. 7.1 (Fortsetzung)

VACUDEST® - *Praxis*

Ni-Spülwasser

Spülwasseraufbereitung nach dem VACUDEST® - Verfahren

Anwendung: Kreislaufführung von Spülwasser nach einer elektrolytischen Vernicklung, z.B., Wattscher Elektrolyt oder Sulfamat-Elektrolyt

Inhaltsstoffe: Nickelsulfat bzw. Nickelsulfamat, Nickelchlorid, Borsäure, Glanzbildner, Tenside

Beschreibung: Eine hohe Spülwasserqualität nach einer Vernicklung ist besonders für die weiteren Verfahrensschritte, wie zum Beispiel dem anschließenden Verchromen, von großer Bedeutung. Das Wasser in der letzten Spüle muss eine geringe Leitfähigkeit haben, um eine einwandfrei saubere Oberfläche der Werkstücke sicherzustellen. Eine kontinuierliche Kreislaufführung des Spülwassers durch das VACUDEST® - Verfahren stellt Spülwasser in gewünscht hoher Qualität zur Verfügung. Beim Aufbereiten der Spülwässer ist der Typ des Ni-Elektrolyten von Bedeutung, da in Abhängigkeit der Inhaltsstoffe – insbesondere Chloride – entsprechende Werkstoffe für die VACUDEST® ausgewählt werden müssen. Ein Aufbereiten des Elektrolyten selbst ist aufgrund der hohen Salzkonzentration wirtschaftlich nicht sinnvoll. Je nach pH-Wert der Spülwässer empfiehlt sich eine Korrektur des pH-Wertes vor der VACUDEST®, um ein neutrales und somit qualitativ hochwertiges Destillat zu erhalten.

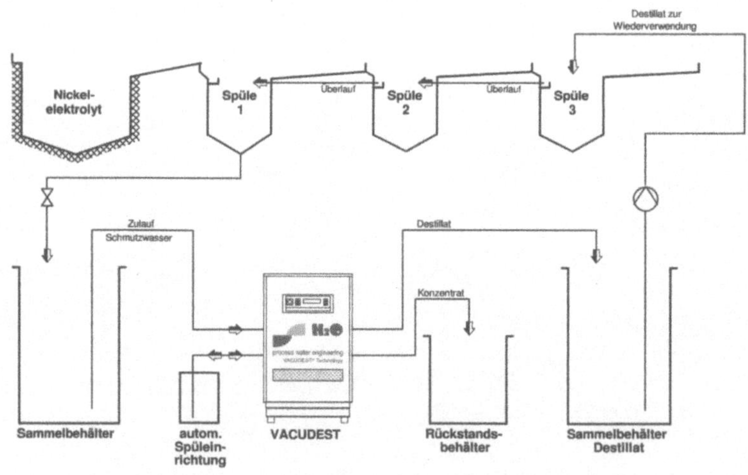

www.vacudest.com

05/01

Abb. 7.2 Kreislaufspülwasser nach einer elektrolytischen Vernickelung

Praxis: Die praktischen Erfahrungen im Dauerbetrieb zeigen, dass eine 100 % -ige Wiederverwendung des Destillats und somit die Kreislaufführung der Spülwässer möglich ist und optimale Reinigungsergebnisse bringt. Das Konzentrat aus der Vakuumdestillation kann aufgrund seines hohen Metallsalzgehaltes einer Verwertung zugeführt werden. Mit einer VACUDEST® werden bei gleichzeitiger Reduzierung der Frischwasserkosten die Aufbereitungskosten für das Spülwasser deutlich gesenkt.

Analysenwerte:

Destillatqualität:

Leitwert	µS/cm	5 - 15
pH-Wert		6,7
Nickel	mg/l	n.n.
Chloride	mg/l	n.n.
CSB	mg/l	< 100

Leistungsfähigkeit der VACUDEST® bei der Aufbereitung von Ni- Spülwasser

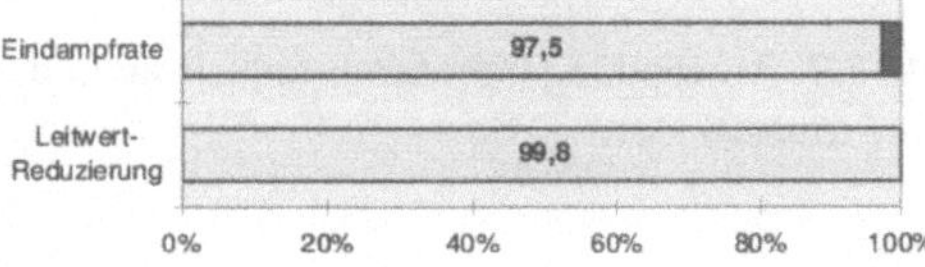

www.vacudest.com

05/01

Abb. 7.2 (Fortsetzung)

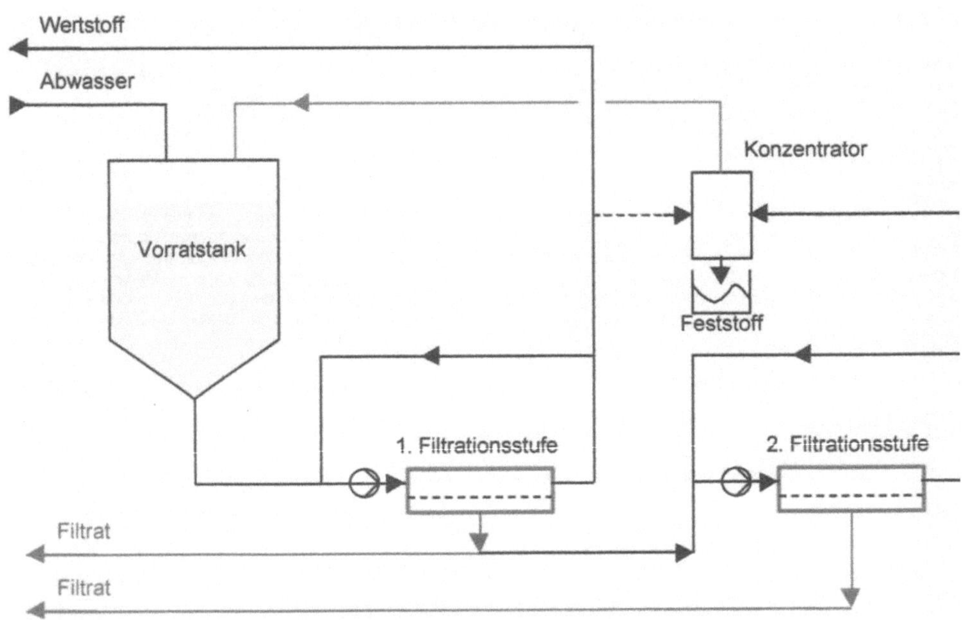

Abb. 7.3 Anwendung der Membrantechnik in der Teppichindustrie (MDS Prozesstechnik GmbH, 47447 Moers)

Prozesswasser aus der Teppichindustrie: Prozesswasserrückführung – Wertstoffrückgewinnung
MDS Prozesstechnik GmbH, 47447 Moers

Bei der Teppichherstellung fallen je nach Fertigungsverfahren Prozessabwässer an, die organische und/oder schwefelhaltige Produkte sowie Schwermetalle enthalten können. Dazu kann die MDS Prozesstechnik ein Verfahren zur Aufbereitung dieser Prozessabwässer mit den nachfolgenden Zielen erfolgreich (Referenz) einsetzen.

Verfahrenstechnische Lösung:

Organsiche Produkte mit Latexeigenschaften oder schwefelhaltige Verbindungen können jetzt mit speziell modifizierten Membranen von Wasser und den darin gelösten anorganischen und niedermolekularen organischen Inhaltsstoffen getrennt werden. Das Prozessabwasser wird aus einem Vorratsbehälter mit hoher Geschwindigkeit über Membranen der ersten Filtrationsstufe gefördert (vgl. Abb. 7.3). Auf dieser Membranoberfläche werden alle partikulären und langkettigen organischen Inhaltsstoffe vom Wasser und den darin gelösten Salzen sowie niedermolekularen organischen Verbindungen abgetrennt. Feststoffe und Latex können so bis zu einem Verhältnis von ca. 1:5 aufkonzentriert werden. Das Konzentrat kann anschließend in die Produktion zurückgeführt werden. Das Filtrat ist wasserklar und kann ebenfalls in der Produktion wiederverwertet werden. Befinden sich im Filtrat noch gelöste Schwermetalle, so können diese mit einer zweiten Filtrationsstufe abgetrennt werden. Alle Flüssigen Konzentrate aus der ersten und zweiten Filtrationsstufe, die nicht in den Produktionsprozess zurückgeführt werden sollen, können dem Filtrationskreislauf mit einem Konzentrator entzogen und anschließend als Feststoff entsorgt werden.

Vorteile des Verfahrens:

- Abtrennung der Prozessabwasserinhaltsstoffe ohne Einsatz teurer Chemikalien
- Einfache und wirtschaftliche Verfahrenstechnik im Gegensatz zu Fällungs- und Flockungsverfahren
- Kosteneinsparung durch Wertstoffrückgewinnung, Frischwasserreduzierung und Abwasserreduzierung durch Wasserrückführung
- Geringe Betriebs-, Wartungs- und Personalkosten
- Konzentratentsorgung als Feststoff
- Wahlweise kontinuierliche oder diskontinuierliche Betriebsweise der Anlagen möglich
- Amortisationszeit 1 bis 2 Jahre

Energierückgewinnung aus Industrieabwässern

8

8.1 Möglichkeiten der Energierückgewinnung

Eng verbunden mit der Rückgewinnung von Wertstoffen aus Abwässern ist die Energierückgewinnung daraus. Zwei wichtige Arten der Energieformen sind in vielen Industrieabwässern vorhanden, die eine ist die fühlbare Abwasserwärme und die andere besteht aus den organischen Abwasserinhaltsstoffe, die in Form von CSB- und BSB_5-Frachten mitgeführt werden (vgl. Abb. 8.1).

8.1.1 Potentiale der Abwasserwärmenutzung

„Zukunftsenergie Abwasser" so lautet die Überschrift zu eines Vorspanns zur Energieratgeberbroschüre „Heizen und Kühlen mit Abwasser" (Deutsche Bundesstiftung Umwelt 2009). Der Ratgeber für Bauträger und Kommunen beschäftigt sich zwar überwiegend mit der Energiegewinnung aus kommunalem Abwasser, bietet jedoch auch Industriebetrieben wertvolle Hinweise zur effizienten Energiegewinnung aus Abwasser. So werden sehr anschaulich die Grundlagen der Wärmenutzung für Heizungszwecke erläutert.

Speziell für Gewinnung von Energie aus industriellem Abwasser führt der Ratgeber folgendes aus (Deutsches Bundestiftung Umwelt, „Heizen und Kühlen mit Abwasser" 2009):

> Abwasser aus der Industrie ist in vielen Fällen deutlich wärmer als kommunales Abwasser. Es eignet sich daher besonders gut für den Einsatz von Wärmepumpen. Ein Beispiel für Wärmenutzung aus industriellem Abwasser ist die im Jahr 2004 erstellte Heizanlage des Ludwig-Windhorst-Hauses in Lingen (Niedersachsen). Für die Raumheizung und die Wassererwärmung dieser Heimvolkshochschule der katholischen Kirche wird Energie aus dem gereinigten Abwasser der nahe gelegenen Erdölraffinerie Emsland gewonnen. Die vergleichsweise hohen Abwassertemperaturen (ganzjährig zwischen 25 °C und 35 °C) erlauben einen äußerst effizienten Betrieb der 20-kW-Wärmepumpe. Diese wird unterstützt durch zwei

R. Stiefel, *Abwasserrecycling und Regenwassernutzung*,
DOI 10.1007/978-3-658-01040-9_8, © Springer Fachmedien Wiesbaden 2014

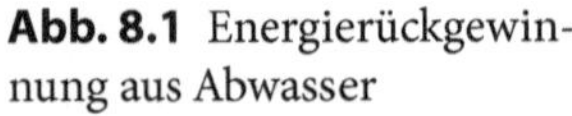

Abb. 8.1 Energierückgewinnung aus Abwasser

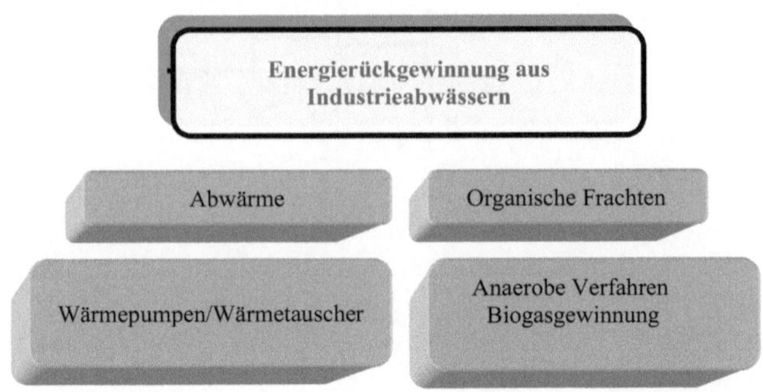

Blockheizkraftwerke und einen Spitzenlast-Heizkessel. Der Beitrag der regenerativen Abwasserenergie an der gesamten Wärmebereitstellung beträgt rund 35 %. Eine weitere Besonderheit der Anlage ist der Einsatz von umweltfreundlichem CO_2 als Kältemittel der Wärmepumpe. Aufgrund des Pilotcharakters wurde der Bau der Anlage mit einem Förderbeitrag der Deutschen Bundesstiftung Umwelt (DBU) unterstützt.

Die Wärmerückgewinnung aus Industrieabwässern ist für viele Industriebetriebe eine Chance, die bisher immer noch eine weitgehend ungenutzte Ressource ist. Denn den Betrieben bieten sich unverhoffte Energiepotentiale an, die auf ihre Verwertung warten. Eine effektive Nutzung der Abwasserwärme schließt den reibungslosen Betrieb der Wärmegewinnung mit ein, dieser ist jedoch an einige Randbedingungen geknüpft. So sind folgende Empfehlungen bei der Planung und Errichtung von Wärmerückgewinnungsanlagen beachten:

- Ist-Aufnahme aller Randbedingungen
- Enge Zusammenarbeit der einzelnen Fachrichtungen bei der Planung
- Technische Vorkehrungen bei Verschmutzungsproblemen vorsehen
- Mögliche Vorreinigung des Abwassers prüfen, um die Verschmutzung der Anlagen zu minimieren

Der letzte Punkt ist wichtig, da sich für viele Industriebetriebe die Möglichkeit bietet, mit der Nutzung von bereits behandeltem Abwasser das Verschmutzungsproblem bei den Energierückgewinnungsanlagen zu minimieren.

Ein bisher vielfach ungenutztes Potential zum Heizen und Kühlen wartet in unseren Abwasserkanälen darauf, genutzt zu werden. Nach Angaben einer Infoschrift mit dem Titel „Abwasser – zum Wegwerfen zu schade?“ (Fachzentrum Wärme aus Abwasser 2012) könnten theoretisch zehn Prozent aller Gebäude in Deutschland mit der im Abwasserkanal schlummernden Energie beheizt werden. Diese Größenordnung wird durch die Einschätzung gestützt, die bei der Fachtagung Energiegewinnung aus Trinkwasser und Abwasser

(DWA e. V., Hof 2009) von internationalen Referenten geäußert wurden. Eine beachtliche Menge, die, wo es möglich ist, genutzt werden sollte.

Wärme kann grundsätzlich aus Wasser jeglicher Art (Abwasser, Oberflächenwasser usw.) zurückgewonnen werden. Zur Nutzung der Abwärme aus Kanälen wurde in der erwähnten Fachtagung gezeigt, dass sie in fast 100 Anlagen in der Schweiz und an einzelnen Standorten in Deutschland erprobt wurde. Die abgegebene Wärmeleistung an Gebäuden variiert von 40 bis 400 KW.

Bei der Energiegewinnung aus Abwasserwärme kommt dem Potenzial eine wichtige Funktion hinsichtlich der Wirtschaftlichkeit zu. Die Definition der Wärmepotenziale sind dem Auszug aus der Studie „Abwärmenutzung – Potenzial, Wirtschaftlichkeit und Förderung“ (Gutzwiller et al. 2008) vom Eidgenössischen Department für Umwelt, Verkehr, Energie und Kommunikation UVEK (Bundesamt für Energie BFE) zu entnehmen.

Die Studie erläutert die Definitionen der einzelnen Potentiale und illustriert sie in Abbildungen am Beispiel der ARA (Kläranlage) Dübendorf (Schweiz).

Zur Vertiefung zu diesem Thema sei auf die obige Studie hingewiesen.

Für die Wärmegewinnung aus Industrieabwässern sind vor allem folgende Potenziale interessant.

1. Theoretisches Abwasserwärmpotenzial (TP)
2. Technisch nutzbares Wärmepotenzial (NP)
3. Wirtschaftliches Potenzial (WP)

Die Anwendung des Schemas aus obigem Auszug auf Bedingungen, wie sie vielfach in Industriebetrieben bestehen, lässt für die einzelnen Potenziale folgende Schlüsse zu:

- **Theoretisches Abwasserwärmepotenzial in Industriebetrieben(TP)**

Abkühlung des gesamten Abwassers nach der Abwasserbehandlung von der Abflusstemperatur auf ein bestimmtes Temperaturniveau, das von den technischen Gegebenheiten des jeweiligen Rückgewinnungsverfahrens abhängig ist. Z. B. bei kontinuierlichen Bedingungen über das gesamte Jahr von 30 auf 5 °C an 360 Tagen. Das Theoretische Abwasserwärmepotenzial ist eine physikalische Größe. Es sagt noch nichts darüber aus, wie hoch der Anteil der technisch nutzbaren Energiemenge ist. Für die Energiegewinnung im Betrieb ist das technisch nutzbare Wärmepotenzial entscheidend.

- **Technisch nutzbares Wärmepotenzial in Industriebetrieben (NP)**

Das technisch nutzbare Wärmepotenzial ist abhängig von den genutzten Abwasser-mengen und den Wirkungsgraden der eingesetzten Rückgewinnungstechniken. Die Entwicklung und Optimierung dieser Techniken ist in vollem Gange. An dieser Stelle kann daher nur die Empfehlung gegeben werden, sich jeweils über den aktuellsten Stand der Entwicklungen zu informieren. Das technisch nutzbare Wärmepotenzial ist geringer als das theoretische Abwasserwärmpotenzial. Hier sind die einzelen Verfahren der Wärmeaustauscher im Wettbewerb.

Um sich über den Entwicklungsstand auf diesem Sektor zu informieren, werden folgende Quellen genannt:

- Energieagenturen der einzelnen Bundesländer
  www.daemmenundsanieren.de/energieagenturen-suchen-und-finden
- Deutsche Energie-Agentur
  www.dena.de
- Allgemeine Internetrecherche mit google.de
  Wärmetauscher Abwasserwärmenutzung

- **Wirtschaftlich nutzbares Wärmepotenzial in Industriebetrieben (WP)**

Die Abkühlung kann sich auf Teilmengen des gesamten Abwassers beschränken. Weiterhin bieten sich unterschiedliche Möglichkeiten der Abwärmeverwertung im Sommer und im Winter. Die sehr unterschiedlichen Möglichkeiten hinsichtlich der Nutzung der Abwärme in den einzelnen Betrieben bedingen hier sehr zahlreiche Varianten. Die Verwertungsmöglichkeiten bestimmen den Grad des wirtschaftlich nutzbaren Wärmepotentials.

Die Wirtschaftlichkeit der Abwärmenutzung hängt stark von den innerbetrieblichen wie auch auch externen Verwertungsmöglichkeiten ab.

8.1.2 Nutzung der Abwasserwärme in Industriebetrieben

Ein grundlegender Unterschied bei der Nutzung der Abwärme aus Abwässern zwischen dem kommunalen Bereich und Industriebetrieben besteht in der Verwertung der gewonnen Energie. Industriebetriebe haben oft einen weitgespannten Bogen beim Energiebedarf hinsichtlich einzelner Energiearten. Es ist daher zu klären, wie die rückgewonnene Energie sinnvoll verwertet werden kann. Die Verwertung der Energie kann in drei grundlegende Bereiche unterteilt werden (s. Abb. 8.2).

In der Vorbereitung zu Nutzung von Abwasserwärme im betrieblichen Bereich müssen folgende Fragen beantwortet werden:

1. Welche Wärmepotenziale besitzen meine Abwässer?
2. Sind diese technisch nutzbar?
3. Wie groß ist das technisch nutzbare Wärmepotenzial?
4. Wie groß ist das wirtschaftlich nutzbare Wärmepotenzial?

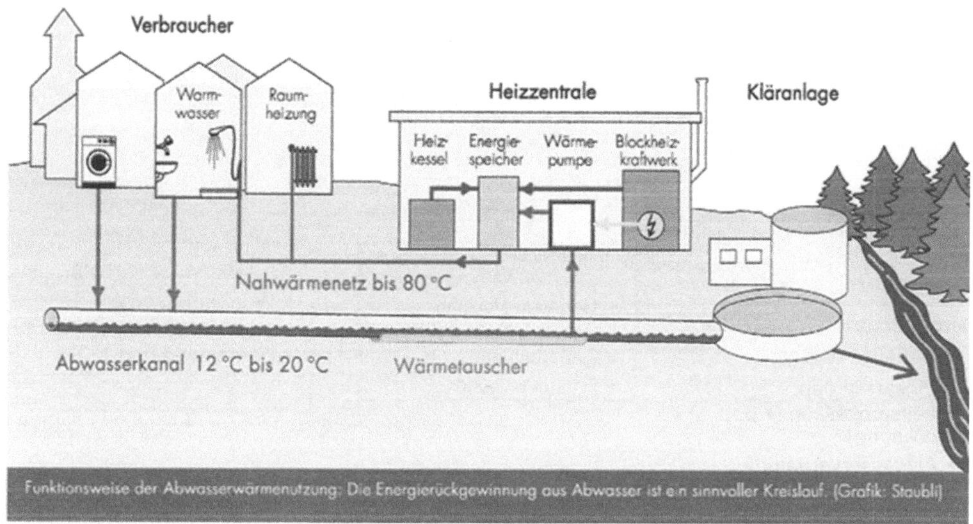

Abb. 8.2 Formen der Energieverwertung bei der Abwasserwärmenutzung

Fällt die Antwort zur wirtschaftlich nutzbaren Energie (letzte Frage) eines Abwassers befriedigend aus, folgen zwangsläufig weitere Fragen.

5. Wer sind die Abnehmer für die Energie?
6. Welche Energieart (z. B. Heizung, Kühlung etc.) verlangen die Abnehmer?
7. Über welche Zeiträume brauchen sie die Energie?
8. Welche Energiemengen werden verlangt?

Elektrische Energie wäre eine ideale Energiequelle, da sie sehr universell verwendbar ist. Doch fällt bei der Abwärmenutzung zunächst Wärme an, für die ein Abnehmer gesucht wird. Abbildung 8.3 stellt verschiedene Formen der Energieverwertung zusammen, die sich aus der Abwasserwärmerückgewinnung ergeben können.

Innerbetriebliche Verwertung Eine rein innerbetriebliche Verwertung der Wärme reicht von dem Einsatz als Heizungsenergie bis zu den vielfältigen Möglichkeiten bei der Verwertung in Arbeitsprozessen. Das kann über die Trocknung von Waren bis zur Vorwärmung von Arbeitsmitteln reichen oder eine direkte Rückführung in die Arbeitsprozesse, wie z. B. die Beheizung von Waschlaugen, beinhalten. Ob die Abwärme für einzelne Arbeitsprozesse geeignet ist, hängt von den Anforderungen der Arbeitsprozesse ab. Die Nutzungsmöglichkeiten sind sehr vielfältig und branchenspezifisch.

Nutzung der Abwasserwärme zur Abwasseraufbereitung Eine vielversprechende Möglichkeit die Abwärme innerbetrieblich zu verwerten bietet die Niederdruckverdampfung von Industrieabwässern. Das Fraunhofer-Institut für Grenzflächen- und Bioverfahrenstechnik IGB hat zusammen mit der Firma Maschinenbau Lohse GmbH ein Entwicklungs-

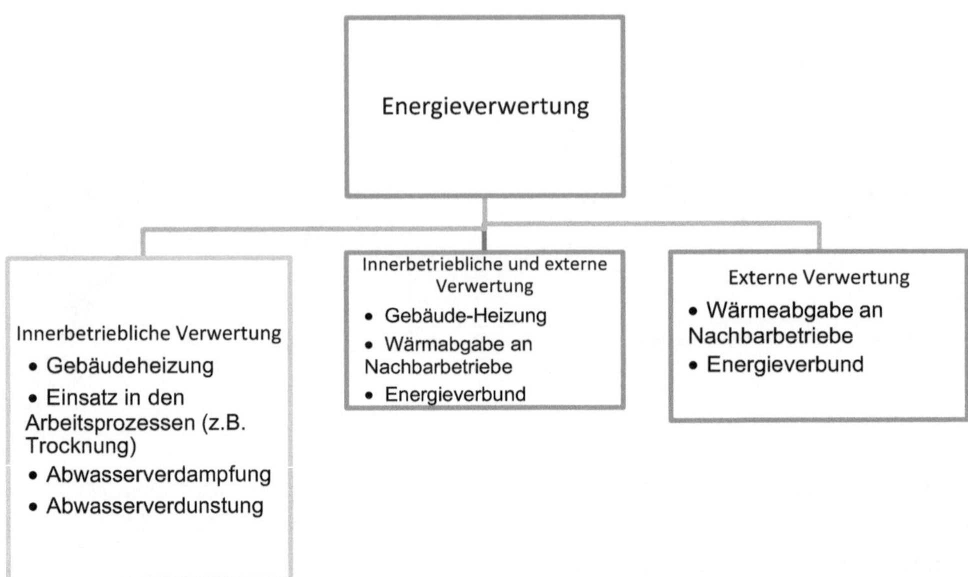

Abb. 8.3 So funktioniert die Abwasserheizung. (Aus DBU et al. (2009))

projekt nach dem Prinzip der Vakuumverdampfung durchgeführt. Durch den Einsatz des Vakuums lassen sich Temperaturen im Bereich von 40 bis 50 °C nutzen, wobei auch Solarenergie eine mögliche Energiequelle darstellt. (Fraunhofer-Institut für Grenzflächen- und Bioverfahrenstechnik IGB 2012). Das Verfahren ist im Kapitel 7 unter den Beispielen für Wertstoffrückgewinnung aus Abwässern ausführlich beschrieben.

Es sind weitere Möglichkeiten Abwärme innerbetrieblich zu verwerten denkbar, von technischer Seite stehen hierfür Anlagen zur Abwasserverdampfung bzw. – Verdunstung zur Verfügung.

Innerbetriebliche und externe Verwertung Bestehen innerbetrieblich keine ausreichenden Möglichkeiten die gesamte rückgewonnene Abwärme zu nutzen, so kann in einer Mischform sowohl ein Teil der Energie innerbetrieblich genutzt werden, soweit dies wirtschaftlich sinnvoll ist, und der restliche Teil einer externen Verwertung überlassen werden. In einfachen Fällen bedeutet das die Wärmeabgabe an einen Nachbarbetrieb oder die Einspeisung in einen Wärmeverbund z. B. in einem Industriepark.

Externe Verwertung Die externe Verwertung der Abwärme aus den Abwässern bietet sich an, wenn intern keine Möglichkeit für die Eigennutzung besteht oder die gewinnbare Abwasserwärme nach technischen *und* wirtschaftlichen Bedingungen eine externe Nutzung favorisiert. Möglichkeiten der rein externen Verwertung können sich in Nachbarbetrieben oder in einer Abgabe an Gemeinden z. B. für Gebäudeheizung, Schwimmbäder und ähnliches anbieten. Abwärme ist Energie, die vermarktet werden muss. Ist ein Betrieb gezwungen das Abwasser vor der Einleitung in einen Kanal oder Fließgewässer erst abzukühlen, um bestimmte Einleitungsanforderungen zu erfüllen, kann es aus rein wirtschaftlichen Gründen interessant sein, eine Abwasserwärmerückgewinnung zu betreiben. Die Abwärmenutzung bietet vielseitige Möglichkeiten, teure Prozessenergie zum Teil wieder zu gewinnen.

8.2 Beispiele für Wärmerückgewinnung aus Abwasser

In folgenden Abschnitt werden einige Beispiele der Wärmerückgewinnung aus Abwässern vorgestellt, sie verdeutlichen die Entwicklung der letzten Jahre auf diesem sich rasant entwickelnden Feld der Energierückgewinnung.

Der Wärmetauscher und die Wärmepumpe mit ihren vielen Varianten sind die beiden wichtigsten Anlage zur Wärmerückgewinnung aus dem Abwasser.Ein Wärmetauscher ist, sehr einfach formuliert, eine Anlage (Geräte), die thermische Energie von einem Medium aus ein anderes überträgt. Die beiden Medien können flüssig oder gasförmig sein. In unseren Folgenden Beispiel ist das warme Abwasser (50 °C) ein Medium und das zu erwärmende Frischwasser (10°) das andere. "Die Leistungsfähigkeit eines Wärmetauschers ist dann groß, wenn er in der Lage ist, den zu erwärmenden Stoffstrom möglichst stark aufzuwärmen und den anderen Stoffstrom möglichst stark abzukühlen: eine natürliche Grenze wird den zweiten Hauptsatz der Thermodynamik beschrieben, wonach Wärme immer vom warmen zum kalten Stoffstrom fließt." Wikipedia.org (2013) Für weiterführende Fachinformation sein auf „Wärmetauscher" Schnell (1994) und „Wärme- und Kälterückgewinnung" Jüttemann (2001) hingewiesen (Abb. 8.4).

8.2.1 Beispiel: Abwasser erwärmt Fernwärmenetz

„Die Stadt Aurich geht neue Wege in der Abwärmenutzung. Während für Wärmepumpen bislang überwiegend Erdwärme oder die Umgebungsluft als Wärmequelle genutzt wurde, kommt in der ostfriesischen Stadt die Abwärme aus dem Abwasser eines Molkereibetriebes zum Einsatz. Das vorgereinigte 30 °C warme Abwasser des Milchveredelungsbetriebs heizt das Wasser des Fernwärmenetzes der Stadt über Wärmetauscher bis zu 25 °C auf. Bevor es die Grundlast einer Multifunktionshalle decken kann, wird es von Wärmepumpen auf maximal 60 °C erwärmt und auf das Heizungssystem und die Warmwasserversorgung verteilt. Künftig soll auch das geplante Allwetterbad der Stadt an dieses System angeschlossen werden. Das Wärmepotenzial reiche aber sogar noch aus, um weitere Gebäude an der rund einen Kilometer langen Fernwärmestrecke anzuschließen oder es für sinnvolle Maßnahmen auf dem Klärwerk, beispielsweise zur Klärschlammtrocknung zu nutzen, erläutert Mimke Schulz, Betriebsleiter des Nettoregiebetriebes Stadtentwässerung der Stadtverwaltung. Das Projekt könne damit auch zum anvisierten Ziel einer energieautarken Kläranlage beitragen. Auf jeden Fall sieht die Stadt Aurich in der Nutzung dieser regenerativen Energiequelle eine umweltfreund-

Beispiel Wärmerückgewinnung bei der Flaschenspülanlage

Da das Abwasser aus einer Flaschenspülanlage mit einer Temperatur von 55 °C direkt in die Kanalisation geführt wird und damit erhebliche Wärmeverluste auftreten, wurden die Möglichkeiten einer Wärmerückgewinnung untersucht. Über einen Wärmetauscher kann Wärme aus dem Abwasser zur Vorwärmung des Frischwassers verwendet werden. Dadurch muss weniger Energie zur Erwärmung des Spülwassers und zur Speisewasservorwärmung (für den Dampfkessel) eingesetzt werden. Es lassen sich erhebliche Brennstoffeinsparungen erzielen.

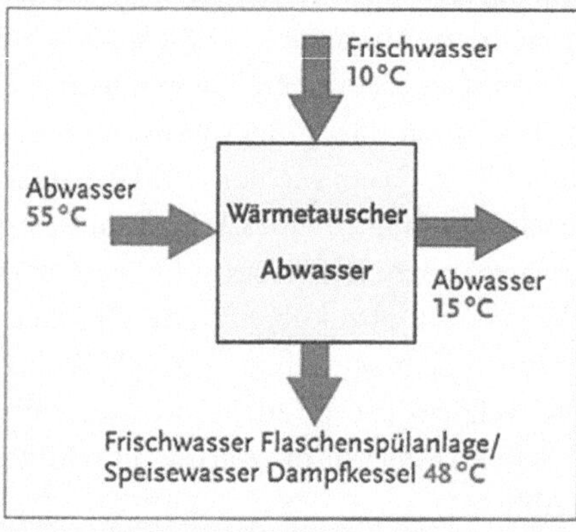

Schema der Wärmerückgewinnung.

Die Abwasser- bzw. Frischwassermenge beläuft sich auf 1 835 000 l/a. Das Abwasser wird von 55 °C auf 15 °C abgekühlt, während das Frischwasser von 10 °C auf 48 °C erwärmt wird. Durch die Wärmerückgewinnung lassen sich ca. 809 500 kWh_{th}/a an Wärme einsparen. Bei einem Jahresnutzungsgrad des Dampfkessels von 90 % ergibt sich eine Brennstoffeinsparung von knapp 900 000 kWh/a bzw. 128 500 Liter Flüssiggas pro Jahr.

Investition	15.700 €
Jahreskosten	
Kapitalkosten	1.600 €/a
Betriebskosten	200 €/a
Einsparung an Verbrauchskosten	22.850 €/a
Einsparung an Jahreskosten	21.050 €/a
Statische Amortisationszeit	**0,75 Jahre**

Durch die Wärmerückgewinnung ergeben sich Brennstoffeinsparungen von 21 050 €/a. Die Investition amortisiert sich nach weniger als einem Jahr.

Abb. 8.4 aus Deutsche Bundestiftung Umwelt (DBU); DBU aktuell Nr.6/Juni 2010

liche Alternative zur herkömmlichen Technologie mit guten Aussichten auf einen wirtschaftlichen Betrieb“ (Mit freundlicher Genehmigung der Deutschen Bundesstiftung Umwelt (DBU) 2010).

Das Beispiel zeigt deutlich, über welche immense, doch bisher ungenutzte Energiepotentiale, einzelne Betriebe verfügen Es sind vor allem jene, die mit hohen Energiekosten bisher ihre Betriebswässer ausgeheizt haben und sie schließlich als Abwässer zu entsorgen. Hier hilft der Umkehrschluss, Nutzung geht vor reiner Entsorgung.

Der Abwasserwärme-Check dient als erster Einstieg in die Abwärmenutzung. Er bietet ein Raster, um die Eckdaten einer möglichen Energiegewinnung aus den betrieblichen Abwässer abzuklären. Die Feinheiten der Energierückgewinnung und vor allem der Verwertung stecken im Detail. Daher empfiehlt es sich auf externe Beratung zuzugreifen, besonders im Hinblick auf mögliche Förderungsmaßnahmen von Bund und Ländern, die an dieser Stelle nicht im Einzelnen besprochen werden können.

8.2.2 Abwasserwärme-Check

Abwassermengen in cbm pro Jahr unbehandelt ( ) behandelt ( )			
Anfallstellen	Minimum	Durchschnitt	Maximum
Abwassertemperaturen der Abwässern in °C			
Anfallstellen	Minimum	Durchschnitt	Maximum
Zurückgewinnbare Energie in kWH pro Jahr			
Anfallstellen	Energie	Art der Wärmerückgewinnung	
Verwendungsmöglichkeiten für die zurückgewonnene Energie			
Wirtschaftlichkeitsprüfung			
Informationen z.B. 8. Energie-Agentur NRW 9. Deutsche Energie Agentur GmbH			

8.3 Energiegewinnung aus Abwasser mittels anaerober Behandlung

Organische Abwasserinhaltsstoffe, die sich in den CSB- und BSB5-Frachten widerspiegeln, dienen einer Vielzahl anaerober Behandlungsverfahren von industriellem Abwasser als Energiequelle für die Biogasgewinnung. Die anaerobe Behandlung stellt eine weitere wichtige Form zur Energiegewinnung aus Industrieabwasser dar. Es handelt sich um eine erprobte Verfahrenstechnik mit vielen Varianten, die in der einschlägigen Fachliteratur dokumentiert sind (z. B. Bischofsberger et al. 2004). Zusammen mit der Co-Vergärung von organischen Abfällen ist die anaerobe Abwasserbehandlung ein zukunftsträchtiger Energielieferant. Abwasserbehandlung und Abfallverwertung ergänzen sich beim Energiesparen (Hoppenheidt

2009). „Durch Co-Vergärung kann die Eigenversorgung einer Abwasserreinigungsanlage mit thermischer und elektrischer Energie nahezu autark erfolgen" (Kolb et al. 2009).

Auch die Deutsche Energieagentur (Dena 2009) äußert sich zum Thema Energie aus Abfall, Abwasser und Grubengas: „Abwässer, die über die Kanalisation ins Klärwerk gelangen, werden dort bis zu einer unschädlichen Qualitätsstufe gereinigt. Jedes Jahr fallen so Millionen Tonnen Klärschlamm in den kommunalen Klärwerken an. Dieser wird zur Mengen- und Geruchsreduzierung meist in einem Faulturm anaerob unter Luftabschluss vergärt. Bei diesem Prozess entsteht energetisch hochwertiges Klärgas, das zur Deckung des Energiebedarfs im Klärwerk wirtschaftlich genutzt und zur Strom- bzw. Wärmeerzeugung verwendet werden kann. Kläranlagen eignen sich aufgrund der Strom- und Wärmebedarfsstruktur hervorragend für den Einsatz von Blockheizkraftwerken. Der Klärgasanfall liegt bei etwa 15 bis 35 Litern je Einwohner, der Energieinhalt bei etwa 6 kWh/m^3 (Energieinhalt von Erdgas etwa 10 kWh/m^3 oder bei leichtem Heizöl etwa 10 kWh/Liter). Insgesamt kann der Strombedarf einer Kläranlage je nach Größe zu 50–90 % und der Wärmebedarf zu über 90 % durch das Klärgas gedeckt werden, insbesondere wenn die erheblichen Energiesparpotenziale genutzt werden. Auch die Stromeinspeisung aus Klärgas wird nach dem EEG vergütet."

Die Entwicklung der Effizienzsteigerung der anaeroben Verfahren schreitet ständig voran, was der kleine Absatz aus einem Forschungsbericht zu „Biogas aus Industrieabwasser" (Geißen und Soo-Myung 2008) der TU Berlin erläutert:

> Bereits seit einiger Zeit bekannte Technologien, wie zum Beispiel Biogasanlagen und Membranbioreaktoren, wurden in den letzten Jahren weiterentwickelt und haben dazu beigetragen, die Wirtschaftlichkeit der Abwasserbehandlung zu verbessern. Ein Beispiel ist die Entwicklung eines anaeroben Membranbioreaktorsystems für die Behandlung von gering konzentrierten Abwässern im Rahmen eines EU-Forschungsvorhabens.
>
> Dieses System besteht aus einem vorgeschalteten Festbett-Versäuerungsreaktor und einem Gaslift-Schlaufenreaktor mit Membranfiltration für die Methanisierung. Wesentliche Vorteile dieses Verfahrens sind, dass es 1. bei sehr geringen Konzentrationen eingesetzt werden kann (vergleichbar mit häuslichem Abwasser), 2. aus den organischen Stoffen im Abwasser energetisch nutzbares Methan gebildet wird und 3. das gereinigte Abwasser qualitativ sehr hochwertig ist. Aufgrund der Kinetik kann der Prozess nur bei Abwassertemperaturen über 20 °C eingesetzt werden, erreicht aber dann Ablaufkonzentrationen, die in vielen Fällen ausreichend für eine weitergehende Nutzung sind.

Rohstoffpotential Industrieabwasser Welches Energiepotential in den CSB- bzw. BSB_5-Frachten von Industrieabwässern schlummert, das sich bei einer Co-Vergärung von organischen Abfallstoff beträchtlich steigern lassen, gibt die Tab. 8.1 mit einer kleinen Auswahl möglicher Rohstoffe für die anaerobe Energiegewinnung erkennen.

Anaerobe Verfahren haben den Vorteil, dass gleichzeitig zur Abwasserreinigung Energie in Form von Biogas gewonnen wird (DWA-Regelwerk; Merkblatt DWA-M 363 2011). Der Entwicklungsstand der einzelnen Verfahren und die Kombinationsmöglichkeiten mit anderen Techniken (z. B. Membrantechnik) zeigen das weite Einsatzspektrum der anaeroben Verfahren bei der Behandlung von Industrieabwässern. Moderne Hochleistungsanlagen bieten die Möglichkeit einer nachhaltigen Energiegewinnung. Energieautarke ARA

Tab. 8.1 Gasanfall verschiedener Abwässer und Stoffe. (Aus Imhoff und Imhoff 1999)

Stoffe	Gasanfall bei 30 °C in l/kg des gesamten Trockenrückstands	Methangehalt in %
Molkereiabwasser	975	75
Presshefeabwasser	486	85
Papierabwasser	250	60
Rübenschnitzel	400	75
Brauereiabfälle (Hopfen)	426	76
Stallmist mit Stroh	286	75
Rinderkot	237	80
Kartoffelkraut	526	75
Gras	490	84
Ginster	434	76
Schilf	285	79

(Abwasserreinigungsanlagen) sind technisch möglich (Kühni et al. 2010). Ständige Verbesserungen bei der Gasausbeute steigern die Energieeffizienz bei der anaeroben Gasgewinnung. So konnte die Faulgasausbeute einer Kläranlage durch den Einsatz einer Waschpresse bei der Aufbereitung des Rechengutes um 38.000 Nm^3/Jahr gesteigert werden. Die vom Rechengut ausgewaschenen Fäkalien bestehen zum größten Teil aus organischem Kohlenstoff, der dem Faulturm zugeleitet wird. (Huber Report 2012)

Ein wesentlicher Vorteil dieser Art von Energiegewinnung liegt auch darin, dass Biogas gespeichert und bei Bedarf einer Verwertung z. B. in einem Blockheizkraftwerk zugeführt werden kann. Ein weiterer, nicht zu unterschätzender Vorteil, bietet die Co-Vergärung als zusätzlicher Gaslieferant. Die Rohstoffe für eine Co-Vergärung reichen von organischen Abfallstoffen aus dem eigenen Betrieb über externe Abwässer oder Abfallstoffe bis zum Einsatz von nachwachsenden Rohstoffen (NAWRO). Ein Potential, das für die Energiegewinnung immer mehr an Bedeutung gewinnt. Im Abb. 8.5 sind einige Rohstoffstränge zusammengefasst, die für eine anaerobe Energiegewinnung zur Verfügung stehen. Wird die anaerobe Biogasgewinnung zur Energiesicherung des eigenen Betriebes eigeführt, werden entsprechende Gesetze (z. B. WHG, Abfallrecht etc.) bzw. Vorschriften und Auflagen aus diesen Bereichen tangiert, deren Einhaltung bei der Planung abgeklärt werden müssen.

Biogas (Methan, CH_4) hat neben der Funktion als Energierohstoff eine zweite wichtige Aufgabe für die Industrie. Denn Methan ist ein chemischer Rohstoff für die Petrochemie, daher bieten sich vielfältige Verwendungsmöglichkeiten für einen Rohstoff an, der aus Industrieabwasser gewonnen werden kann. Während heute bei der Nutzung von Biogas die Energiewende im Vordergrund steht, könnte bald die Rohstoffsicherung hinzukommen. Die Kombination Biogasgewinnung mittels anaerober Abwasserbehandlung mit Co-Fermentation fügt sich in den Trend vieler Betriebe, die in Sachen Energieversorgung einen bestimmten Grad an Autarkie anstreben. So wird in dem Fachartikel „Wirtschaft: Unternehmen treiben ihre eigene Energiewende voran" (Reuter 20012) ausgeführt: „In

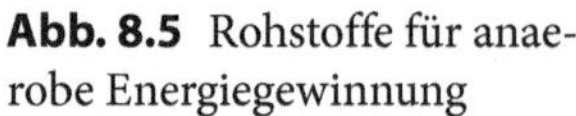

Abb. 8.5 Rohstoffe für anaerobe Energiegewinnung

der deutschen Wirtschaft ist es gerade ein Megatrend: Immer mehr große Unternehmen setzen auf ihre private Energieversorgung und treiben damit ihre eigenen Energiewende voran". Das Abwasser als Energiequelle kann dazu seinen Beitrag leisten.

8.3.1 Beispiele für Energiegewinnung aus Industrieabwasser mittels anaerober Verfahren

8.3.1.1 Beispiel Industriepark

„Biogas aus Industrieabwasser – Moderne Energiegewinnung im Industriepark Höchst„ (Müller 2007). So lautet die Überschrift eines Fachartikels, in dem die Kombination der Biogasgewinnung und der Behandlung von Klärschlamm aus einer biologischen Abwasserbehandlungsanlage beschrieben wird. Mittels der Co-Fermentation von organischen Abfällen wird dort zusätzlich Biogas erzeugt. Es werden sowohl Klärschlämme der eigenen Kläranlage als auch organische Abfälle (Abfälle aus Großküchen und überlagerte Lebensmittel etc.) als Grundstoff für die Biogasproduktion benutzt. Dies ist ein Beispiel für eine gute Kombination der betrieblichen Ver- und Entsorgung zur Verwertung der eigenen Abfälle aus der Abwasserbehandlung unter Einbeziehung einer externen Logistik (Zulieferung von organischen Abfällen). Das Produkt ist Biogas, das werksintern verwendet wird.

Die Basisdaten der Anlage weisen folgende Zahlen aus:

> Infraserv Höchst investiert 15 Mio. Euro in eine Anlage, die künftig täglich 30.000 Kubikmeter Biogas durch die Umwandlung der organischen Inhaltsstoffe von Klärschlämmen sowie von organischen Abfällen produzieren wird. Mit der Inbetrieb- nahme der Anlage wird die Nutzung industrieller Klärschlämme für die Biogas-Erzeugung ermöglicht.
>
> (25.07.07) Im Sommer letzten Jahren begannen die Bauarbeiten im Westteil des 4,6 Quadratkilometer großen Industrieparks, in dem rund 90 Firmen der Chemie-, Pharma- und

Biotechnologiebranche sowie der Prozessindustrie ansässig sind und in dem täglich rund 22.000 Menschen arbeiten. Die Biogas-Anlage besteht aus zwei Fermentationsbehältern, die ein Volumen von jeweils rund 11.000 Kubikmetern aufweisen und etwa 30 Meter hoch sind. Zudem werden ein Maschinenhaus, Blockheizkraftwerke, zwei Nitrifikationsbecken sowie zwei weitere Becken, so genannte Nacheindicker, gebaut. Die Kapazität der Anlage beläuft sich zunächst auf ca. 90.000 Tonnen Co-Substrate pro Jahr, wobei die modulare Konzeption Erweiterungsmöglichkeiten beinhaltet. Zunächst werden pro Tag 30.000 Kubikmeter Biogas produziert und in einem Blockheizkraftwerk in jeweils ca. 4 Megawatt Strom und Wärme umgewandelt. (Müller 2007)

8.3.1.2 Energiegewinnung bei der Bierhefeproduktion

URL: http://www.kompetenznetze.de/netzwerke/agro-nieke/10/energierückgewinnung-aus-industrieabwasser

Kontakt: Dr. Ulrich Schmitz, www.leibergmbh.de

Energierückgewinnung stellt ein erfolgreiches Beispiel für branchenspezifische, technisch anspruchsvolle Lösungen dar, die zu sehr hohen Energie- und Kosteneinsparungen in kleinen und mittleren Unternehmen führen können. Im Rahmen der Initiative EnergieEffizienz verlieh die Deutsche Energie-Agentur GmbH (dena) in Kooperation mit der Deutschen Messe und der KfW Förderbank den internationalen „Energy Eficiency Award". Den 2. Preis des „Energy Efficiency Award 2008" erhielt die Leiber GmbH.

Bei der Leiber GmbH in Bramsche (Niedersachsen) wurde im Zuge des Ausbaus der Abwasseranlage auf die doppelte Kapazität das Konzept der Abwasserreinigung überprüft und eine anaerobe statt der bisher verwendeten aeroben Verfahrensweise ausgewählt. Das anaerobe Verfahren hat einen erheblich reduzierten Stromverbrauch sowie Chemikalieneinsatz und erzeugt weniger Abfall. Das im Zuge der Abwasserreinigung erzeugte Biogas wird in einem Blockheizkraftwerkt (BHKW) zu gekoppelten Erzeugung von Strom und Wärme genutzt. Im Vergleich zur bisher eingesetzten Technologie konnten 72 % des Stromverbrauchs eingespart werden. Darüber hinaus ermöglicht die Erzeugung von Strom und Wärme im Blockheizkraftwerk (BHKW) eine weitere Kostensenkung. Mit dem Erlös aus den Strom- und Wärmegutschriften hat sich die Abwasserreinigungsanlage in wenigen Jahren rentiert

Die Leiber GmbH ist ein modernes Biotech-Unternehmen und ein führender Hersteller von veredelten Bierhefeprodukten für die Lebensmittel- und Futtermittelproduktion. Das Unternehmen entwickelt, produziert und vertreibt getrocknete Bierhefe, Hefeextrakte und andere Zellisolate am Standort Bramsche. Neue Produkte aus den Bereichen Gesundheit und Kosmetik kommen derzeit dazu.

8.4 Checkliste Anaerobe Abwasserbehandlung

1. Abwassermengen *cbm/d*
2. Abwasserfrachten *CSB:* BSB_5: N_g: P_g:
3. Abwassertoxizität z. B. Anaerober Hemmtest ISO 13641
4. Labortest Anaerober Abbaubarkeit mit Faulschlamm EN ISO 11734
5. Pilotversuche Gasgewinnung, Abbaurate unter Praxisbedingungen
6. Prüfung der Co-Vergärung von Abfallstoffen
7. Gesamtkonzept Abwasserbehandlung und Energiegewinnung
8. Informationen *Fachinstitute, Anlagenbauer , Fachverbände* – *Deutsche Energie-Agentur* *www.dena.de* – *Energie-Agentur NRW* *www.energieagentur.nrw.de*

Wasserkreisläufe durch Regenwassernutzung schließen

9

Vielfach stellt sich bei der Produktion ein Wasserverlust wegen unterschiedlicher Ursachen ein (z. B. Verdampfung, Wasseraustrag über das Produkt etc.). Um diesen Wasserverlust auszugleichen, muss Frischwasser dem Prozesswasser zudosiert werden. In der Regel ist dies Stadtwasser oder Wasser aus anderen Quellen (z. B. eigene Brunnen). Abhängig von den Anforderungen an die Qualität des Prozesswassers (z. B. VE-Wasser) wird auch Stadtwasser (Trinkwasser) einer betriebsinternen Aufbereitung (Enthärtung/Entsalzung) unterworfen. Der Bezug dieses Wassers ist mit Kosten verbunden. Regenwasser als kostenlose Quelle wurde über Jahrzehnte vernachlässigt. Diese Sichtweise hat sich in den letzten 10 Jahren verändert. Regenwasser ist eine verwendenswerte Rohstoffquelle. Der Einsatz von Regenwasser bietet der gewerblichen Wirtschaft eine reiche Palette von Nutzungsmöglichkeiten.

9.1 Vorteile der Regenwassernutzung

Abbildung 9.1 illustriert die drei Säulen der Prozesswasserautarkie: *Nutzung des Regenwassers* als Frischwasser, *konsequentes Wassersparen* in der Produktion und *Mehrfachnutzung der Prozesswässer* sowie dem Recycling der anfallenden Abwässer, die nach der Aufbereitung wieder dem Kreislauf der Prozesswässer zugeführt werden. Der Vorteil der Regenwassernutzung liegt im Ersatz etwaiger Wasserverluste durch Verdunstung und Ausschleppung etc.

Welche Randbedingungen müssen bei der betrieblichen Regenwassernutzung beachtet werden? Es sind vor allem die *örtlichen Niederschläge* (s. Abb. 1.6, Kap. 1) als Quellen für die Regenwassernutzung. Regenwasser ist ein weiches Wasser, während die örtliche Wasserhärte der Stadtwässer, die vom lokalen Wasserversorger geliefert oder über eigene Brunnen gewonnen werden (s. Abb. 9.1) gemäß den örtlichen hydrologischen Bedingungen in Deutschland sehr differieren. Was sich auch in den Kosten für eine Aufbereitung von Stadtwasser zu VE-Wasser niederschlagen kann (Abb. 9.2).

R. Stiefel, *Abwasserrecycling und Regenwassernutzung*,
DOI 10.1007/978-3-658-01040-9_9, © Springer Fachmedien Wiesbaden 2014

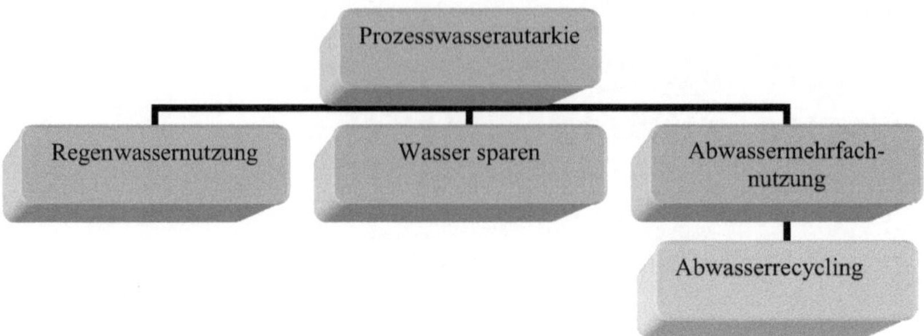

Abb. 9.1 Säulen der Prozesswasserautarkie

9.2 Hilfestellung und Informationen über die Regenwassernutzung

Die Fachvereinigung Betriebs- und Regenwassernutzung e. V. (Fachvereinigung Betriebs- und Regenwassernutzung e. V.; www. fbr.de) bietet Firmen aller Branchen in vielfältiger Weise durch Seminare, Fachbroschüren etc. Hilfestellung bei der Einführung der Regenwassernutzung. In folgendem Text werden die Vorteile der Regenwassernutzung speziell für mittelständische Betriebe erläutert, vgl. Anhang I.

9.3 Trinkwasserverordnung (TVO) beachten

Bei der Einführung der Regenwassernutzung sind rechtliche Aspekte zu beachten. Die Informationsschrift „Versickerung und Nutzung von Regenwasser – Vorteile, Risiken, Anforderungen" des Umweltbundesamts (2005) erläutert sehr übersichtlich eine Reihe von wichtigen Themen, wie z. B.:

- Rechtliche Rahmenbedingungen für Regenwassernutzungsanlagen
- Verwendung von Regenwassernutzungsanlagen im privaten und öffentlichen Bereich
- Anforderungen nach der Trinkwasserverordnung
- Anzeigepflicht gegenüber dem Gesundheitsamt
- Überwachung durch das Gesundheitsamt
- Verhältnis zu den Wasserversorgungsunternehmen
- Baugenehmigung

Die Publikation kann beim UBA als Schrift (43 Seiten) angefordert oder als Langfassung (0,95 MB) kostenlos heruntergeladen werden.

Die Regenwassernutzung findet Eingang in den betrieblichen Umweltschutz. Hierzu wird von der Informationsplattform des Wirtschaftsministeriums Baden-Württemberg ausgeführt:

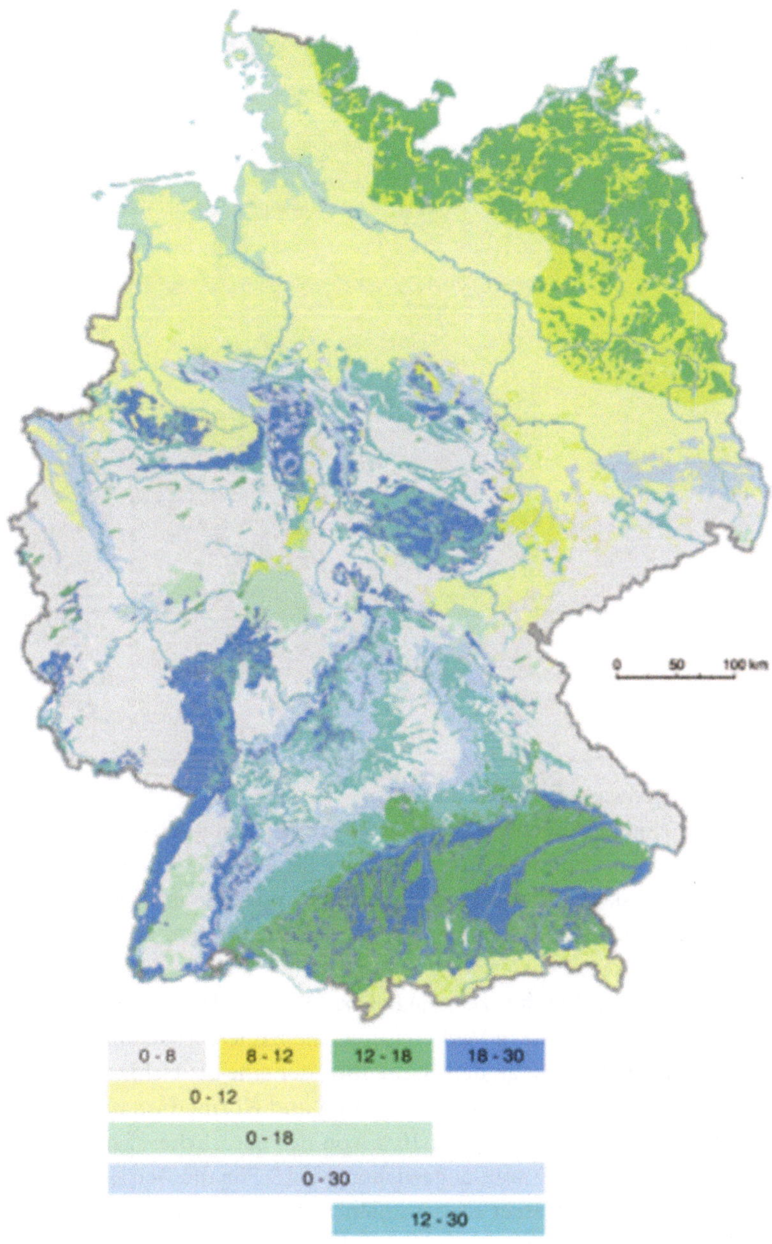

Abb. 9.2 Wasserhärte in dH in Deutschland. (Aus Bannick et al. 2008)

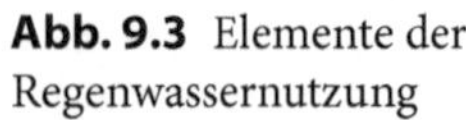

Abb. 9.3 Elemente der Regenwassernutzung

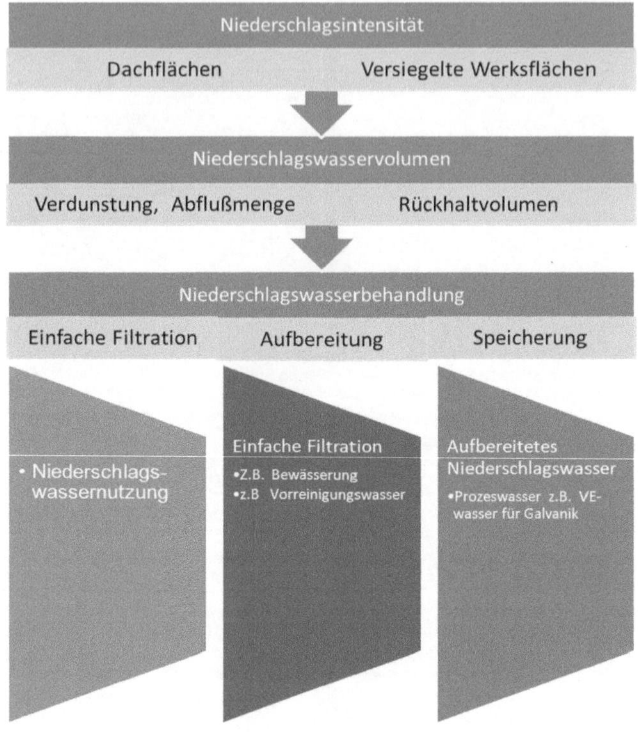

„Der Reiz der Regenwasserbewirtschaftung

Seit 1. März 2010 ändert Regenwasser seine Richtung. Anstatt über Gullys in den Kanal soll es zukünftig auf den Grundstücken bereits per Sickerpflaster oder Sickermulde dem natürlichen Wasserkreislauf direkt zugeführt, über Gründächer verdunstet oder in Zisternen als *Rohstoff* gesammelt und genutzt werden. Mit dem neuen Wasserhaushaltsgesetz darf seit 1. März 2010 Regenwasser vom Grundsatz her nicht mehr mit Schmutzwasser vermischt werden. Priorität hat die *ortsnahe Bewirtschaftung* des Niederschlages. Eine entsprechende Rechtsverordnung ist in Vorbereitung. Die frühere Zuständigkeit der Bundesländer in dieser Sache geht damit an den Bund über, der eine deutschlandweit einheitliche Regelung schaffen wird. Das Ziel von Gesetzgebung und Normen ist, dass künftig bei der Oberflächenentwässerung nicht mehr als 10 % von der natürlichen Entwässerungs-Situation, wie sie vor der Bebauung war, abgewichen wird." Für die Betriebe bietet sich hier die Chance das Niederschlagswasser zur sammeln, aufzubereiten und als Prozesswasser zu nutzen. Zwei Kostenfaktoren können somit gesenkt werden. Gebühren für nicht genutztes Regenwasser und die Frischwasserkosten.

Abbildung 9.3 stellt die wichtigen Teilschritte der Regenwassernutzung dar. Es beginnt mit der lokalen Niederschlagsintensität, die in Verbindung zu den genutzten Flächen (Dachflächen etc.) das Regenwasservolumen ergibt, wobei Verluste über die Verdunstung etc. zu beachten sind. Ein Teil des Regenwassers kann dann gespeichert und aufbereitet werden. Die Aufbereitung des gefassten Regenwassers richtet sich in Abhängigkeit von seinen Zustand und den Qualitätsanforderungen hinsichtlich seiner Nutzung. Welche Summen einzelnen Unternehmen durch die Nutzung des Regenwassers einsparen können, zeigt ein Blick auf das Wasserentnahmegelt, das viele Bundesländer heute erheben.

Wasserentnahmeentgelt Einige Bundesländer innerhalb Deutschlands erheben für die Entnahme von Wasser aus dem Grundwasser oder Oberflächenwasser ein Entgelt. Der Begriff Wasserentnahmeentgelt findet sprachlich seinen Wiederhall in einer Reihe von Worten, wie z. B. Wassercent, Wasserpfennig, Wasserentnahmegebühr, Wasserzins, Wassersteuer oder Wasserabgabe. Grundlage für diese Gebühr ist die EU-Wasserrahmenrichtlinie.

Die Einnahmen aus dieser Gebühr werden z. B. auch dafür genutzt, um Landwirte zu entschädigen, dass sie Düngemittel verantwortungsvoll einsetzen, um das Grundwasser vor Belastungen zu schützen.

Bisher haben folgende Bundesländer eine solche Wasserabgabe eingeführt:

- Baden-Württemberg
- Berlin
- Bremen
- Brandenburg
- Mecklenburg-Vorpommern
- Niedersachsen
- Nordrein-Westfalen
- Rheinland-Pfalz
- Saarland
- Sachsen
- Sachsen-Anhalt
- Schleswig

(Wikipeda 2013)

Die Gebühren für die Wasserentnahme sind innerhalb Deutschlands nach Art und Höhe länderspezifisch. Als Beispiel kann die Gebührenerhebung von RheinlandPfalz dienen. um die Kostenerhebung zu veranschaulichen.

In Rheinland-Pfalz sieht der Gesetzesentwurf ein einfaches Veranlagungsmodell mit vier Entgeltsätzen vor:

1. „6 Cent je Kubikmeter (= 1.000 L) für Entnahmen aus dem Grundwasser
2. 2,4 Cent je Kubikmeter für Entnahmen aus Oberflächenwasser
3. 0,9 Cent je Kubikmeter für Entnahme zur Kühlwassernutzung (Durchlaufkühlung) und zur Gewinnung oder Aufbereitung von Bodenschätzen
4. 0,5 Cent je Kubikmeter für Entnahmen zur Durchlauskühlung von hoch-effizienten Kraft-Wärme-Kopplungs-Anlagen, die ausschließlich erneuerbare Energieträger, Erdgas oder Abfallstoff verwenden.

Das Wasserentnahmegelt ist von demjenigen (i. d. R. Unternehmen) zu zahlen, der Wasser aus Gewässern entnimmt." (Ministerium für Umwelt, Landwirtschaft, Ernährung, Weinbau und Forsten von Rheinland-Pfalz 2012)

Es ist zu erwarten, dass die Gebührensätze in den einzelnen Bundesländern zeitlich angehoben werden, wie etwa parallele Entwicklungen (z. B. die Abwasserabgabe) zeigen. Für zahlreiche Unternehmen mit eigener Wasserversorgung mittels Wasserentnahme aus Grund- oder Oberflächenwasser stellt sich daher die Frage nach preisgünstigen Alternativen.

Die Einführung der Regenwassernutzung in einem Betrieb ist zunächst ein Eingriff in dessen betriebliche Wasserwirtschaft. Ein Betrieb muss daher prüfen, welche Auswirkungen die Regenwassernutzung nach sich ziehen können.

Eine oft gestellte Frage beinhaltet das Gesundheitsrisiko, das mit der Nutzung von Regenwasser möglicherweise verbunden ist.

Oft gestellte Fragen aus dem häuslichen Bereich, die auch bei der Einführung der Regenwassernutzung im gewerblichen Bereich wertvolle und praxisrelevante Hinweise geben, beantwortet der Fachverband Betriebs- und Regenwassernutzung e. V. in seinem Letter „fbr-top2" (2004):

> Regenwassernutzungsanlagen nach dem Stand der Technik für die Verwendung von Regenwasser zum Zwecke der WC-Spülung, Gartenbewässerung und zum Wäschewaschen stellen kein hygienisches Risiko für die Nutzer dar. Entscheidend für einen dauerhaft sicheren Betrieb und wichtige Voraussetzung für die Akzeptanz der Regenwassernutzung bei den zuständigen öffentlichen Stellen sind die fachgerechte Planung und Bauausführung, regelmäßige Wartung sowie die strikte Einhaltung der geltenden Rechtsvorschriften und Normen.

9.4 Checklisten und Hinweise bei der Einführung der Regenwassernutzung

Die nachfolgende Checkliste soll Betrieben bei der Einführung der Regenwassernutzung helfen. Sie gibt in tabellarischer Form einen Überblick über wichtige Kriterien für diesen Prozess. Im Zuge der Umstellung der betrieblichen Wasserwirtschaft wird allerdings empfohlen, die Fachkunde externer Beratern heranzuziehen. Hierbei wird auf die Fbr (Fachverband Betriebs- und Regenwassernutzung e. V.) verwiesen.

Die Nutzung von Regenwasser in der gewerblichen Wirtschaft unterscheidet sich von der im privaten Gebrauch z. B. durch ihre Vielfältigkeit, es sollte daher vor etwaigen Baumaßnahmen eine Machbarkeitsstudie durchgeführt werden, um folgende Themenkomplexe im Vorfeld abzuklären:

- Wasserbedarf des Betriebes
- Regenwasseraufkommen auf dem Betriebsgelände
- Nutzungsmöglichkeiten des Regenwassers
- Behördenmanagement, Auflagen, Verträge etc.

- Handling des Regenwassers (Anlagen zur Speicherung, Überwachung)
- Wirtschaftlichkeit

Die Checkliste dient zur Erfassung wichtiger Daten für die Einführung der Regenwassernutzung in Betrieben als Brauchwasser. Vielfach sind Werkshallen und Gebäude mit großen Dachflächen oder andere Flächen vorhanden, die für die Regenwassergewinnung genutzt werden können. Bei der Konzeption der Regenwassernutzung sind jedoch für jeden einzelnen Betrieb bestimmte Kriterien abzufragen, um eine Bewertung hinsichtlich der Einführung der Regenwassernutzung durchführen zu können.

Checkliste für die Regenwassernutzung

1. **Wasserbedarf des Betriebes**
   a. Prozesswasser für Anlage(n)
   b. Prozesswassermengen der einzelnen Anlagen
   c. Qualitätsanforderungen an die Prozesswässer
   d. Kühlwasser für Anlage
   e. Kühlwassermenge
   f. Qualitätsanforderungen
   g. Andere Wasserarten im Betrieb
   h. Mengen
   i. Qualitätsanforderung
2. **Regenwassererfassung**
   a. Regenwasseranfall
   b. Größe der Dachflächen (Grundflächen der Hallen und Gebäuden)
   c. Örtliche Niederschlagsmengen (Erfragung z. B. beim örtlichen Wetteramt)
3. **Art der Dachflächen**
   a. Flachdach, geneigte Dächer etc.
   b. Art des Dachmaterials (z. B. Bitumen, Ziegel etc.)
   c. Material der Dachrinnen oder Leitungen (z. B. Kupfer, Zink oder Kunststoff etc.)
4. **Mögliche Belastungen der Dachflächen und des Niederschlagswassers**
   a. Sind Belastungen der Dachflächen z. B. Vogelkot, Blätter oder Staubniederschlag sichtbar?
   b. Sind Vorbelastungen des Niederschlagswassers bekannt?
5. **Untersuchung der Niederschlagswässer**
   a. Es empfiehlt sich vor Installation der entsprechenden Anlagen eine *Bestandsaufnahme der abfließenden Niederschlagswässer* bei den vorgesehenen Dachflächen etc. durchzuführen, um eine Übersicht über mögliche Belastungen zu erhalten. Hierbei kann mit einfachen Mitteln durch Anschluss einer Regenwassertonne an eine oder mehrerer Fallrohre Regenwasser gesammelt werden und auf folgende Parameter analysiert werden:

b) Chemische Parameter
- pH-Wert,
- abfiltrierbare Stoffe,
- Leitfähigkeit,
- Wasserhärte,
- Schwermetalle,
- organische Belastungen durch die Summenparameter CSB oder TOC,
- Nitrat, Nitrit, Phosphat,
- Kohlenwasserstoffe, AOX,
- Sulfat, Chlorid,
- spezielle Stoffe gemäß der Umgebung bzw. ihren Emissionen

c) Parameter der Hygiene
- Keimzahl, E-Coli, Coliforme gesamt u. a.

6. **Qualitätsanforderungen**
   a. Es sollte ein *Anforderungskatalog* erstellt werden, welcher Qualität das Niederschlagswasser entsprechen muss, um als Prozesswasser Verwendung zu finden.
   b. Dabei steht die Frage im Vordergrund, welche Konzentrationen können bei einzelnen Parameter *toleriert* werden, ohne die Produktionsabläufe negativ zu beeinflussen. Die Anforderungsliste ist daher sehr betriebsspezifisch bzw. anlagentypisch. Gemäß den Verfahrensschritten der Produktionslinie muss abgeklärt werden, welche Stoffe tangieren den Bereich des Arbeitsschutzes z. B. Bildung von Aerosolen u. s. w.
   Bei den Überwachungsparametern kann man sich an Punkt 5.b orientieren.
7. **Behandlung und Lagerung der Niederschlagswässer**
   a. *Reinigung* des gewonnenen Niederschlagswassers mittels Sieb, Kiesfilter oder Mykrofiltration, falls erforderlich. Desinfektion für spezielle Anwendungen. Wenn besondere Qualitätsanforderung gestellt werden, können auch weitere Behandlungen nötig sein.
   b. Lagerung der Tanks, Zisternen etc. oberirdisch oder unterirdisch (Frostschutz).
   c. Sicherung der Leitungen und Entnahmestellen vor Verwechslung mit Trinkwasser. (Hinweise und Aufklärung für Mitarbeiter: Kein Trinkwasser)
8. **Überwachung der Wassergüte**
   a. Die Sicherstellung der Gütekontrolle des gefassten und zwischengelagerten Regenwassers sollte gewährleistet werden, um mögliche negative Einflüsse wie Verkeimung etc. frühzeitig zu Erkennen. Und damit geeignete Maß-

nahmen (z. B. Reinigung der Tanks) rechtzeitig durchgeführt bzw. in die Produktionsabläufe eingeplant werden können.

b. Klärung der Durchführung der Analytik. Können bestimmte Grundparameter wie TOC oder CSB, pH-Wert, Leitfähigkeit, Trübung, Schwermetalle in einem Betriebslabor bestimmt werden oder muss dies extern geschehen.
c. Die Parameter der Hygiene werden in Fachlabors durchgeführt.
d. Kontrolle der Dachflächen oder anderer genutzter Flächen auf Verunreinigungen. Sichtkontrolle, Stichprobenuntersuchungen.

9. **Behördenmanagement**
   a. Die Fragen der Rechtssicherheit hinsichtlich Bau und Betrieb von Regenwassernutzungsanlagen mit den örtlich zuständigen Behörden abklären.
   b. Besondere Beachtung verdienen die Landeswassergesetze der jeweiligen Bundesländer und soweit vorhanden lokale Verordnungen bezüglich der Anforderungen an Niederschlagswässer. Weiterhin sind regional begrenzte Auflagen/Anforderungen der Regenwassernutzung und etwaige Verträge zwischen dem Betrieb und der Gemeinde etc. bezüglich der Einleitung von Niederschlagswasser zu beachten.
10. **Wirtschaftlichkeitsprüfung**
   Eine Wirtschaftlichkeitsprüfung in Bezug auf die Nutzung von Regenwasser als Prozesswasser kann sich auf folgende Eckdaten stützen:
   a. Investitionskosten der Anlage
   b. Mögliche Fördergelder
   c. Laufende Betriebskosten (Wartung, Qualitätssicherung etc.)
   d. Kosten für Frischwasserbezug
   e. Einsparungen durch Regenwassernutzung (Frischwasserkosten, Gebühren für die Einleitung von Niederschlagswasser, mögliche Einsparung bei Chemikalien zur Wasserenthärtung)

9.5 Beispiele für Regenwassernutzung

Die Regenwassernutzung in der gewerblichen Wirtschaft hat einen breiten Kreis von Industriebranchen erreicht und umfasst das ganze Spektrum von Kleinbetrieben bis zu Großbetrieben. Dies zeigt zum Beispiel die Schriftreihe fbr 6 (2007) der Fachverband Betriebs- und Regenwassernutzung e. V., in der zahlreiche Projektbeispiele zur Betriebs- und Regenwassernutzung in öffentlichen und gewerblichen Anlagen vorgestellt werden (vgl. Abb. 9.4). Die Projektbeispiele für den Bereich der gewerblichen Wirtschaft umfassen die folgenden Branchen:

Projektbericht: Regenwassernutzung, Betriebshof Marl

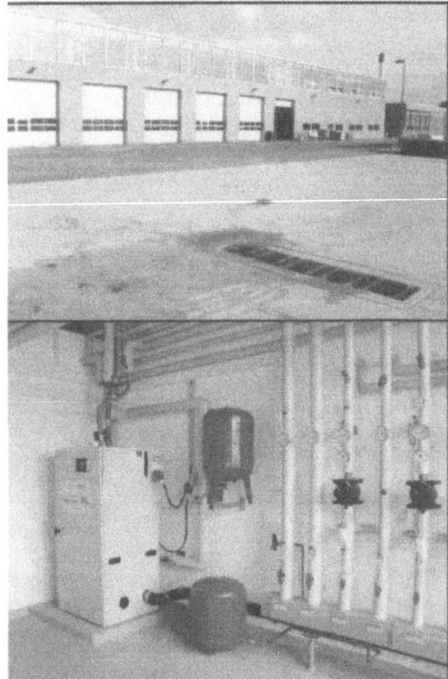

Ausgangssituation:

Am Stadtrand von Marl im nördlichen Ruhrgebiet entstand 2009 der Neubau des Zentralen Betriebshofs auf dem Gelände einer ehemaligen Zeche. Auf einer Fläche von insgesamt 36.000 m^2 sind dort nun Wertstoffhof, städtischer Winterdienst, diverse Werkstätten sowie das Rechnungsprüfungsamt der Stadt untergebracht, die vorher auf verschiedene Standorte im Stadtgebiet verteilt waren. Für die Reinigung der betriebseigenen Einsatzwagen, Kehrmaschinen und Müllfahrzeuge sollte nach den Plänen der Stadt nur noch Regenwasser verwendet werden.

Problemlösung:

Das Regenwasser von den Dachflächen wird gesammelt, mit Hilfe eines Mall-Filterschachts von Feststoffen befreit und in einer Mehrbehälteranlage mit einem Fassungsvermögen von insgesamt rund 78 m^3 gespeichert. Um dem Regenwasser den nötigen Druck zu geben und es den einzelnen Zapfstellen auf dem Betriebsgelände zuzuführen, arbeitet im Gebäude zusätzlich ein Regencenter Monsun XL mit Doppelpumpanlage. Waschhalle und Außenwaschplatz werden auf diesem Weg mit Regenwasser versorgt und helfen der Stadt, kostbares Trinkwasser und viel Geld zu sparen.

Projektdaten:

Bauherr:	Zentraler Betriebshof de Stadt Marl
Planung:	Pfeiffer-Ellermann-Preck GmbH, Münster
TGA-Planer:	Winkels Behrens Pospic Ingenieure für Haustechnik GmbH, Münster
Lieferung:	Mall GmbH
Fertigstellung:	September 2009

Anlagenkomponenten:

- 1 Filterschacht Typ FS 1750
- 4 Mall-Regenspeicher Typ B mit je 19,5 m^3 Fassungsvermögen
- Regencenter Monsun XL

Vorteile auf einen Blick:

- Beton-Fertigteile in B 55
- Typenstatik für Fertigteile
- Kurze Einbauzeit
- Hervorragende Vorreinigung
- Komplette einbaufertige Regenwasserzentrale mit hohem Betriebskom
- Normgerechte Ausführung

Mall GmbH
Oststr. 7
48301 Nottuln
Telefon: +49 2502 22890-0
Telefax: +49 2502 22890-800

info@mall.info
www.mall.info

Abb. 9.4 Regenwassernutzung in einem städtischen Betriebshof

- Bürogebäude
- Fahrzeugwaschanlagen
- Abfallwirtschaft
- Speditionen
- Autohäuser
- Wäschereien
- Lebensmittelindustrie
- Steinmetzbetriebe
- Düngemittelherstellung
- Sondermüllverarbeitung
- Dämmstoffherstellung
- Affinerie
- Holzverarbeitung
- Metallverarbeitung
- Kunststoffverarbeitung

Die Branchenvielfalt der Beispiele lässt erkennen, dass für fast jede Branche Regenwassernutzung eine Option darstellt. Aber die Verwendung von Regenwasser und die Anforderungen an Qualität und Menge können innerhalb der Branchen sehr unterschiedlich sein.

9.6 Das virtuelle Rückhaltebecken der Regenwassernutzung!

Zahlreiche Gebiete in Deutschland sind aufgrund ihrer geographischen und klimatischen Situation gezwungen, Regenrückhaltebecken zu bauen und zu unterhalten, um Hochwassersituationen abzumildern. In diesem speziellen Feld, dem Hochwasserschutz, kommt der Regenwassernutzung in Industriebetrieben eine wichtige Bedeutung zu. Die Summe der Speicherkapazitäten vieler Regenwassernutzungsanlagen kann als „Virtuelles Rückhaltebecken“ angesprochen werden. Es entlastet die übrigen Rückhaltebecken in einer Region. Je mehr Betriebe sich für die Regenwassernutzung entscheiden, desto größer wird dieser Unterstützungsfaktor. Ein ökologischer Nebeneffekt der in Zukunft besondere Beachtung finden wird.

Die Wasserwende in der betrieblichen Abwasserwirtschaft als Zukunftsperspektive

10

Die betriebliche Abwasserwirtschaft war Jahrzehnte lang geprägt von der Abwasserentsorgung. Der Stand der Abwasserbehandlung entwickelt sich kontinuierlich. Sowohl der technische Fortschritt der Abwassertechnik als auch immer höher Anforderungen an die Abwasserbehandlung von gesetzlicher Seite haben mittlerweile zu einer Situation geführt, die die Frage gestattet: Wann ist es für einen Betrieb angebracht, von der Abwasserentsorgung zur Abwassernutzung überzugehen? Gemeint ist dabei eine Nutzung im Sinne einer Kreislaufführung des Mediums Prozesswasser mit simultaner Rückgewinnung von *Wertstoffen* und *Energie* aus dem Abwasser.

Beim Wechsel von der reinen Entsorgung der Abwässer zur ihrer Nutzung kann man von einer Wasserwende der Prozesswasserführung sprechen.

10.1 Wichtige Einflussgrößen auf die betriebliche Abwasserwirtschaft

Technische Entwicklungen sind oft von unterschiedlichen Parametern abhängig, die sich gegenseitig bestärken oder schwächen können. Eine Möglichkeit sie vorausschauend zu bewerten, bietet der Ansatz über Szenarien.

Entwicklungen, die die Einführung der Kreislaufwirtschaft von Prozesswässern einschließlich der Wertstoff- und Energierückgewinnung aus Abwässern sowie der Regenwassernutzung als Quelle für Frischwasser in der gewerblichen Wirtschaft steuern, sind folgende:

Frischwasserversorgung Deutschland wird insgesamt auch in naher Zukunft ein ausreichendes Wasserdargebot, mit Ausnahme einiger Regionen, haben (UBA 2011; Bannick et al. 2008). Steigende Preise für Frischwasser und mögliche Restriktionen bei der Eigenförderung infolge der Umsetzung der EU-Wasserrahmenrichtlinie (EU-Wasserrahmenrichtlinie 2000) spielen jedoch eine wichtige Rolle für die Verfügbarkeit des Frischwassers.

R. Stiefel, *Abwasserrecycling und Regenwassernutzung*,
DOI 10.1007/978-3-658-01040-9_10, © Springer Fachmedien Wiesbaden 2014

Jedes Unternehmen ist gut beraten, sich frühzeitig über eine langfristige Frischwasserversorgung Klarheit zu verschaffen.

Abwasserentsorgung Bei möglichen höheren Anforderungen an die Abwasserentsorgung in Bezug auf die EU-Abwasserrahmenrichtlinie oder nationaler Alleingänge können Nachrüstungen zu steigenden Abwasserkosten sowohl für Direkt- als auch Indirekteinleiter führen (vgl. Köppke 2009). Hier hilft nur umsichtige Beobachtung zukünftiger Anforderungen bezüglich der eigenen Branche.

Rohstoffrückgewinnung Bei Anforderungen an die Abwasserbehandlung erhält die Rückgewinnung von Wertstoffen zunehmend Priorität. Es ist zu beachten, dass sich Änderungen bzw. Verschärfungen durch das Kreislaufwirtschaftsgesetz (Bundesministerium für Umwelt, Naturschutz und Reaktorsicherheit 2010) ergeben können, die den Abwasserpfad direkt tangieren.

Denkbar ist auch eine Verschärfung der gesetzlichen Auflagen in Bezug auf die Wertstoffrückgewinnung.

Unabhängig von gesetzlichen Auflagen und möglichen Verschärfungen auch hinsichtlich der Wertstoffrückgewinnung, besteht ein latenter Druck zur Rohstoffeinsparung bzw. Rückgewinnung wegen der Verknappung zahlreicher Rohstoffe nicht zuletzt über die Preisentwicklung (vgl. Wallstreet:online 2011).

Die Energierückgewinnung Die Energierückgewinnung aus Abwässern gewinnt zunehmend an Bedeutung, sowohl die der thermische Rückführung als auch über die Nutzung der Abwasserinhaltsstoffe (hohe CSB-Frachten) mittels anaerober Abwasserbehandlungsverfahren. Steigen die Energiepreise weiter an, wird die Quelle Abwasser als Energielieferant immer wichtiger (Deutsche Energieagentur 2011; Bischofsberger 2004; Hoppenheidt 2009). Gerade hier verbergen sich bei vielen Betrieben noch große Energiepotentiale, die genutzt werden sollten.

10.2 Der Einstieg in die Kreislaufwirtschaft

Der Einstieg in die Kreislaufwirtschaft und in mögliche weitere Maßnahmen wie die Wertstoffrückgewinnung, die Energienutzung des Abwassers und die Regenwassernutzung als Frischwasserersatz bedürfen gründlicher Betriebsanalysen, Planungen und Überlegungen einschließlich externer Fachberatung. Der PIUS-Check bietet für die vorab Analysen und Planungen ein ideales Instrument. In ihm werden Betriebsaufnahme, Schwachstellenanalyse sowie technische und wirtschaftliche Lösungsvorschläge zur Effizienzsteigerung in unterschiedlichen Bereichen, wie Prozesswassereinsatz, Rohstoff- und Energienutzung der Betriebe vereint. Im folgenden Text sind wichtige Inhalte, Ziele und Abläufe des PIUS-Checks dargestellt.

PIUS-Check Der PIUS-Check erfasst in einer Ist-Analyse die relevante Stoffströme und den Stand der Technik in der Produktion eines Betriebes. Aufbauend auf diesen Daten werden Schwachstellen erkannt und wirtschaftliche Lösungskonzepte zur Ressourceneffizienz erarbeitet. Für die technischen Umsetzungen(Projekte) werden Unterstützungen durch Vermittlung geeigneter Förderprogramme gewährt. Der PIUS-Check ist sehr praxisorientiert und seine Vorteile bzw. Ziele lassen sich, wie folgt deklarieren:

- Reduzierung des Rohstoffeinsatzes
- Senkung der Produktionskosten
- Minimierung von Ausschuss
- Steigerung der Produktqualität
- Vermeidung von Emissionen

Der Ablauf untergliedert sich in vier Schritte.

1. Initialgespräch Berater klären mit Mitarbeitern des Betriebes Umfang und Leistungen des PIUS-Checks ab
2. Makroanalysen Erhebung der relevanten Betriebsdaten als Basis für die Beratungsleistung
3. Mikroanalyse Aufnahme der detaillierten Datenbasis für Lösungsvorschläge , unter Berücksichtigung aller wichtigen ökologischen und wirtschaftlichen Daten und Fakten. Vorschläge von Lösungswegen mit Bewertung hinsichtlich der Praxistauglichkeit und wirtschaftlicher Belange.
4. Maßnahmenplan Erstellung eines Maßnahmenplans zur Verbesserung der Ressourceneffizienz des Unternehmens. Hilfestellung bei Fördermöglichkeiten des Projektes. (EFA Effizienz-Agentur NRW 2011)

10.3 Möglichkeiten für Wasser-und Energieautarkie in der Produktion

Bei einem Blick in die Fachzeitschriften der Wirtschaft und des Investments fallen häufig Überschriften wie „Rohstoffe sind die Säulen der Weltwirtschaft" (Union Investment Privatfonds GmbH 4/2011) oder „Kampf um jeden Tropfen" (Wirtschafts Woche 36/2011) auf, wenn die Zukunft der Ressourcen – Wasser, Energie, Rohstoffe – kommentiert wird.

Diese Überschriften könnten in Bezug auf die produzierende Wirtschaft verkürzt lauten: Ohne Wasser und Energie keine Produktion. Weltweit hat ein schleichender Verteilungskampf um fast alle Arten von Ressourcen begonnen. Wasser und Energie nehmen eine Schlüsselrolle ein. Wie kann diesem Mangel begegnet werden?

Die Zukunft der industriellen Abwassertechnik bezüglich geschlossener Prozesskreisläufe mit Wertstoffrück- und Energiegewinnung begann nicht abrupt, sondern war ein Prozess, der sich meistens in Zyklen vollzog, die wiederum vom Fortschritt der jeweiligen Technik bzw. der Preisgestaltung der angebotenen Technik und den gesetzlichen Anforderungen an die Abwassereinleitung abhingen. Sie hat schon begonnen. Schauen wir uns dazu zwei Beispiele an. Zuerst die rasante Entwicklung des Stadtstaates Singapur danach eine Technik zur Energiegewinnung mit heimischen Abfall- und Rohstoffen, die Biogasgewinnung, wozu auch die anaerobe Abwasserbehandlung ihren Beitrag leistet. Nun zur Erfolgsgeschichte von Singapur.

Singapur bietet hierzu vorbildhafte und zukunftsweisende Lösungen an, denn es ist beim Recycling von Abwasser weltweit führend. Noch ist der Stadtstaat zwar gezwungen rund 40 % seines Wasserbedarfes zu importieren. Gewaltige Anstrengungen und der Einsatz modernster Technologie helfen diesem Staat von Wasserimporten immer unabhängiger zu werden. Ein Drittel seines Wasserbedarfs gewinnt Singapur aus der Aufbereitung von Abwässern. Diese recycelten Abwässer werden unter dem Namen NEWWater hauptsächlich in der Industrie genutzt. (vgl. Wirtschafts Woche 36/2011). Was bei den weltweiten Bemühungen um eine ausreichende Wasserversorgung deutlich wird, ist die Tatsache, dass die Wassergewinnung zum Teil unmittelbar von preisgünstiger Energie abhängig ist.

Singapur als Stadtstaat kann innerhalb der Weltwirtschaft als Industriepark mit einem sehr hohen technischen Standard angesprochen werden. Das Beispiel Singapur verdeutlicht, dass der Einsatz modernster Technologie einschließlich einer ausgefeilten Logistik ein gangbarer Weg ist, um eine sichere Wasserversorgung im Einklang mit dem Schutz der Natur aufzubauen. Bei der Sicherstellung lebenswichtige Stoffe und Energie für seine Industrie lässt der Stadtstaat Singapur Parallelen zu einem Unternehmen erkennen, das ebenfalls für die Verfügbarkeit dieser Ressourcen sorgen muss.

Ebenso wie Singapur stellt sich für viele mittelständische Betriebe die Zukunftsfrage. Wie können in Eigenregie die Versorgung mit Frischwasser, Energie und Rohstoffen ebenso wie die nachhaltige Abwasser- und Abfallentsorgung bewältig werden? Lösungen technischer oder logistischer Art zur Verbesserung der Situation sind fast immer mit Kosten verbunden. Je früher die Planung der Zukunftssicherung in Angriff genommen wird, desto größer sind die zeitlichen Spielräume für optimierte Lösungen.

Die Pfade, auf welchen diese Zukunftsanforderungen gemeistert werden können, sind im Abb. 10.1 in einem groben Schema illustriert. Die Anforderungen innerhalb der einzelnen Industriebranchen sind zu vielfältig, um einfache und allgemeine Lösungen anbieten zu können. Ein Blick in die Vergangenheit der industriellen Abwassertechnik weist hier den Blick auf die Entwicklung von Branchenlösungen. Eine ***komplette*** Umstrukturierung der Produktionsabläufe von bestehenden Betrieben ist vielfach sehr komplex und kostenintensiv.

Es bleiben daher zwei Möglichkeiten Betriebsabläufe ressourceneffektiver zu gestalten übrig. Eine ist der völlige Neubau eines Betriebes oder Betriebsteils. Die andere besteht darin einzelne Produktionseinheiten bestehender Anlagen in einem Stufenplan nachzurüsten. Beide Wege können zum gleichen Ergebnis führen. Das Ziel ist immer die *Zukunftssicherung* mit Investitionen in ressourceneffektive Techniken. Diese Investitionen führen zu einer Wertsteigerung der Betriebe.

Als zweites Bespiel für eine solche Entwicklung können die Entwicklungszahlen für Biogasanlagen (s. Abb. 10.2) in Deutschland dienen. Aus einer anfänglich kleinen Zahl von Anlagen erwuchs über zwei Jahrzehnte ein beachtliches Potential, dessen Wachstumsende

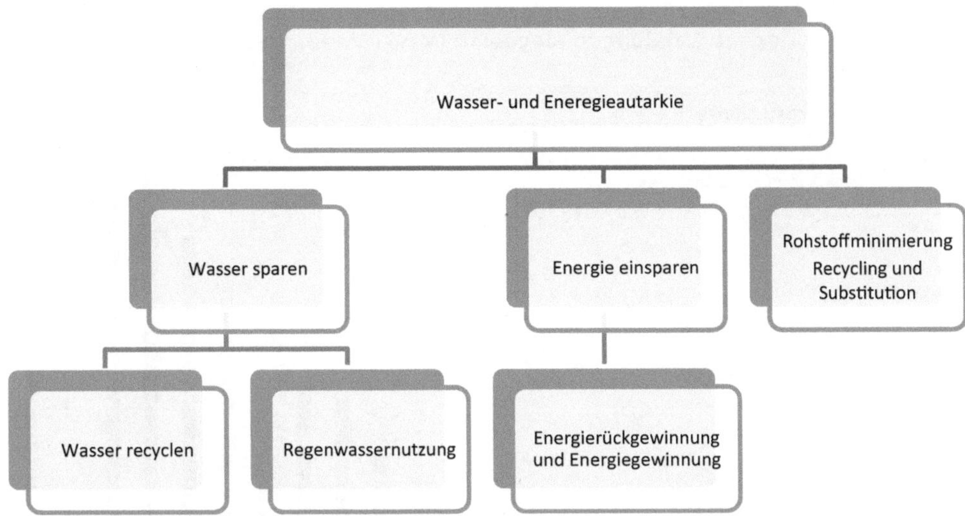

Abb. 10.1 Ressourcensparsame Produktion mit Wasser- und Energieautarkie

noch lange nicht absehbar ist. Dabei muss auch erwähnt werden, dass staatliche Fördermaßnahmen dies unterstützt haben.

Nicht nur die Entwicklung der Biogasanlagen weist eine starke Expansion auf, sondern der Integrierte Umweltschutz insgesamt ist in den Industrieländern auf Wachstumskurs. Immer mehr Betriebe betrachten den Umweltschutz als eine Kernaufgabe ihrer Tätigkeit. In einer Studie des Zentrums für Europäische Wirtschaftsforschung GmbH aus dem Jahre 2005 wurde gezeigt, dass Integrierter Umweltschutz im industriellen Sektor international immer mehr praktiziert wird. Im Auftrag der OECD wurde ebenfalls eine repräsentative Erhebung in den Ländern Deutschland, Frankreich, Japan, Kanada, Norwegen, Ungarn und den USA durchgeführt. Das Ergebnis: „Überraschend zeigt sich eine klare Dominanz des integrierten Umweltschutzes in allen sieben Ländern“ (Rennings 2005). Die Tendenz ist deutlich, der Wandel vom additiven zum integrierten Umweltschutz ist länderübergreifend. Vermeidung und Verringerung von Emissionen sowie das Recycling von Ressourcen gewinnen weltweit an Bedeutung.

Ferner ist in der genannten Studie (s. Abb. 10.3) erläutert, dass es auffällt „dass Deutschland von den sieben OECD Ländern den geringsten Anteil im integrierten Umweltschutz aufweist (57,5 %), während Japan an der Spitze liegt (86,5 %) Der Grund für diese Unterschiede ist im deutschen Ordnungsrecht zu suchen, das in der Vergangenheit End-of-Pipe-Technologien begünstigt hat.“ (Rennings 2005). Neben den bereits diskutierten Möglichkeiten veränderter Gesetzeslagen, könnten in Deutschland weitere Anreize durch fiskalische Maßnahmen gesetzt werden, wodurch Förderung und Verbreitung des Integrierten Umweltschutzes verstärkt würden.

Was prognoszieren diese Studienergebnisse für einen Betrieb in Deutschland? Sie zeigen eindeutig die Entwicklungsrichtung der betrieblichen Wasserwirtschaft. Den Wandel von der End-of-Pipe-Technik zur Einführung des Produktionsintegrierten Umweltschut-

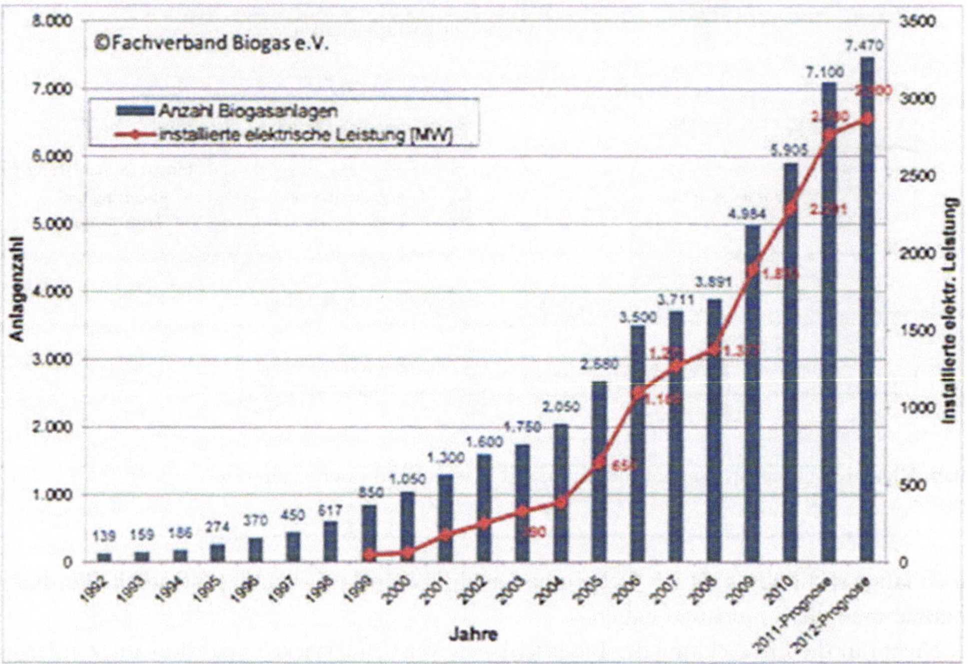

Abb. 10.2 Entwicklung der Anzahl der Biogasanlagen in Deutschland (Fachverband Biogas e. V. 2010)

zes (PIUS). In Richtungen ausgedrückt, weist dies auf eine Wende vom Wasserdurchlauf in einem Betrieb zur Wasserkreislaufführung hin. Mit all seinen Sekundärtechniken, wie Regenwassernutzung, Wertstoffrückgewinnung und Energiegewinnung aus den Abwässern.

Die Stoffkreisläufe schießen sich.

10.4 Strategische Entscheidung als Sprung in die Zukunft

Gründliche Bestandsaufnahmen, Machbarkeitsstudien, Planungen und externe Beratungen, mögen sie noch so fundiert sein, können einem Unternehmen nur als Entscheidungshilfen dienen. Eine langfristige Planung bzw. Zukunftssicherung der elementaren Ressourcen Wasser und Energie sollte bei der Entscheidungsfindung entsprechende Berücksichtigung finden. Außer von den technischen Belangen wird die Entscheidung natürlich sehr stark von wirtschaftlichen Gesichtspunkten und den gesetzlichen Anforderungen geprägt. Die Entscheidung, ob etwa die Kreislaufführung der Prozesswässer und andere Maßnahmen (Regenwassernutzung, Wertstoff- und Energierückgewinnung) in einem Unternehmen eingeführt werden, müssen von der Unternehmensleitung getroffen werden. Innovation statt reiner Administration ist hier gefordert. Dies schließt eine Sicherung der Frischwasserverfügbarkeit, der sicheren Abwasserentsorgung sowie der Minimierung

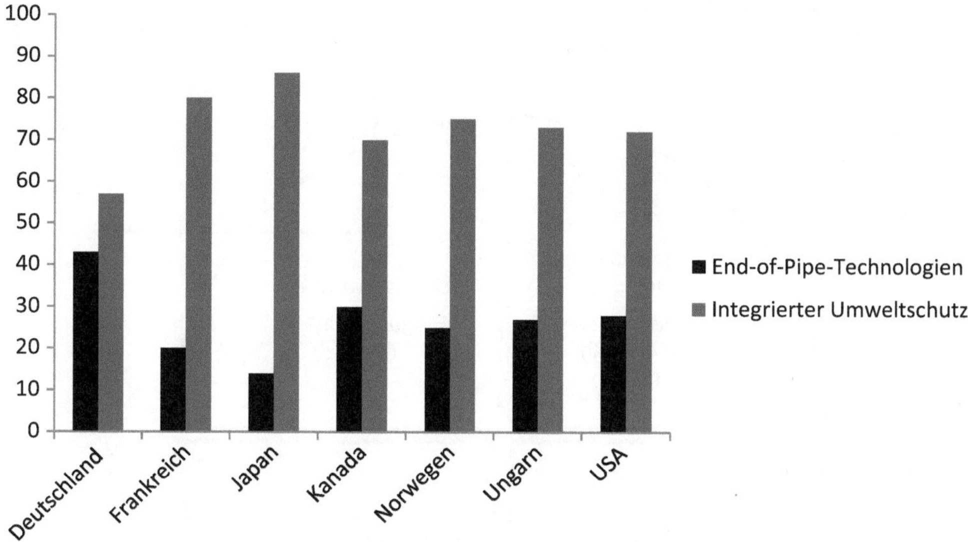

Abb. 10.3 Die Wahl von Vermeidungstechnologien im Umweltschutz in sieben OECD Ländern (Rennings 2005)

der Wertstoff- und Energieverluste über das Prozesswasser mit ein. Es sind vor allem vier Schlüsselkriterien, außer der fortschreitenden Entwicklung der Abwassertechnik, die die Nutzung der Wertstoffvielfalt von Industrieabwässern forcieren. Denn steigende:

- - Frischwasserpreise,
- - Rohstoffpreise,
- - Energiepreise und verschärfte Anforderungen an die Abwassereinleitung

erhöhen die Kosten und Risiken bei der klassischen End-of-pipe-Abwasserbehandlung. Die betriebliche Wasserwirtschaft steht vor Herausforderungen, bedingt durch Preisanstieg der Roh- und Energiestoffe aber auch durch die Auswirkungen der EU-WRRL sowie Einführungen von Wasserentgelt für die Eigenförderung in den meisten Bundesländern etc. Diese Herausforderungen bedeuten aber zugleich Chancen für viele Betriebe ihre Wasserwirtschaft dahingehend zu modernisieren, dass die Ressourceneffektivität (Wasser, Rohstoffe und Energie) deutlich gesteigert wird.

Abbildung 10.4 verdeutlicht, dass für jede Herausforderung ein technischer Lösungsweg bereitsteht. In jedem Segment sind die Tendenzen deutlich erkennbar. Allen vier sind Preissteigerungen, striktere Auflagen von gesetzlicher Seite und Verknappung der einzelnen Stoffe gemeinsam.

Prozesswasserrecycling und Wertstoffrückgewinnung.

Die Prozesswasserautarkie (Selbstversorgung ohne Abwasseremission) ist eine strategische Langzeitentscheidung, denn sie soll dem Unternehmen für sehr, sehr lange Zeit die

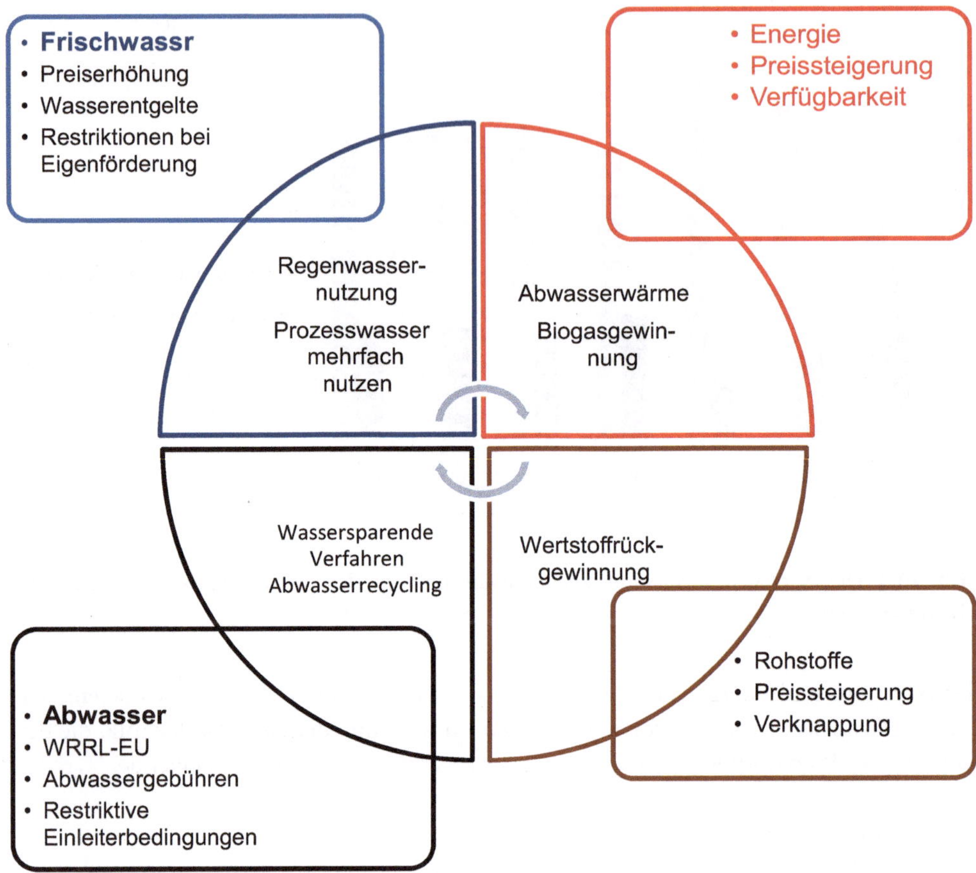

Abb. 10.4 Herausforderungen und Chancen in der betrieblichen Wasserwirtschaft

Sicherheit auf dem Wasserpfad gewähren. Das Zitat eines erfahrenen Politikers zum Thema Globale Wasserpolitik kann an dieser Stelle zum Nachdenken anregen: „Wasser wird mehr und mehr zu einem strategischen Gut. Wer im 21. Jahrhundert Zugang dazu hat, ist im Vorteil: politisch, wirtschaftlich und sozial. Wasser ist wichtiger als Öl. Wasser ist durch nichts zu ersetzen..." (Auszug aus einer Rede des damaligen Bundesaußenministers Klaus Kinkel in Krieg um Wasser 2011).

Von der Natur wurden und werden viele nützliche Prinzipien in die Technik auf der Grundlage der Naturgesetze übertragen (von der.Nanotechnik über die biologische Abwasserreinigung bis hin zum Klettverschluss). Bezogen auf den Wasserhaushalt bedeutet von der Natur zu lernen, physisch und ökonomisch in sehr langen Zeiträumen zu überleben. Im Abb. 10.3 sind zwei Kreisläufe zu sehen, der natürliche Wasserkreislauf, langfristig erprobt durch die Natur und eine Kreislaufführung des Prozesswassers in einer Waschhalle mit angeschlossenem Werkstattbereich. Beide Wasserläufe funktionieren nach dem gleichen Prinzip, nämlich dem Kreislaufprinzip nach dem Vorbild der Natur. Nachhaltigkeit heißt ihr Zauberwort (Abb. 10.5).

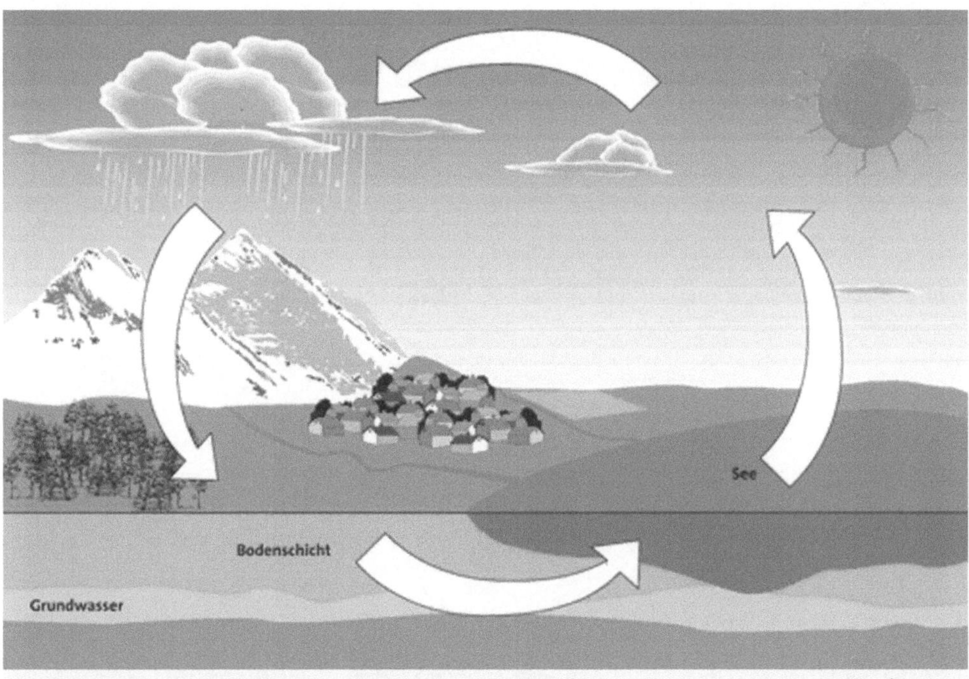

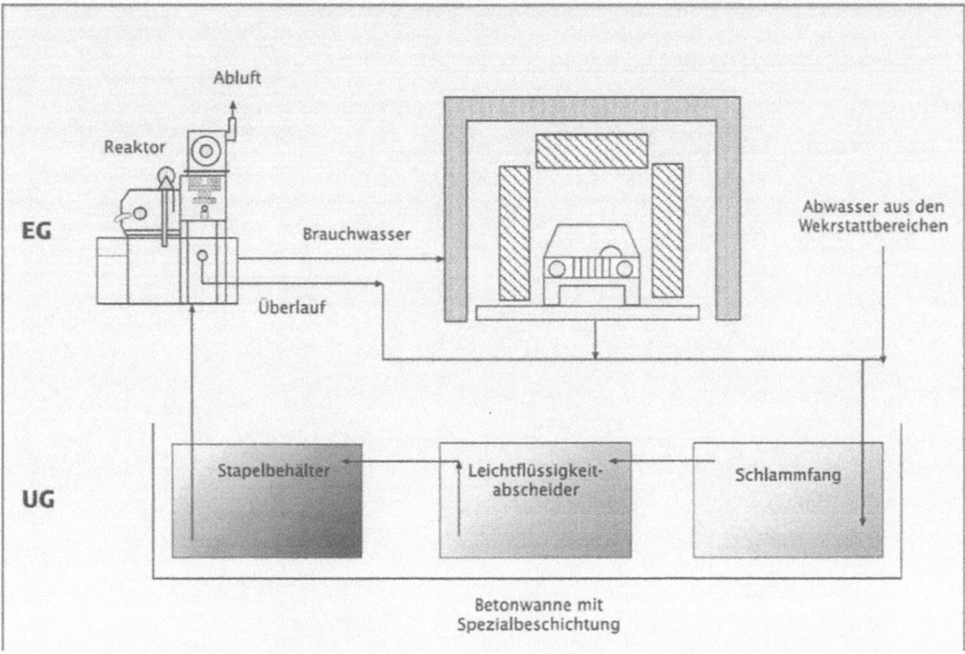

Abb. 10.5 Kreisläufe in Natur (oben) und Technik (unten). (Aus Stadtwerke Bielefeld 2011 oben und Effizienzagentur NRW 2001 unten)

Anhang I

R. Stiefel, *Abwasserrecycling und Regenwassernutzung*,
DOI 10.1007/978-3-658-01040-9, © Springer Fachmedien Wiesbaden 2014

Havelstraße 7A
64295 Darmstadt
Telefon 06151/339257
Telefax 06151/339258
e-mail info@fbr.de
Internet www.fbr.de

Betriebs- und Regenwassernutzung für kleine und mittelständische Betriebe: wirtschaftlich und ökologisch sinnvoll!

Vor allem der starke Anstieg der Trinkwasser- und Abwassergebühren hat dazu geführt, dass immer mehr Unternehmen Anlagen zur betrieblichen Nutzung von Regenwasser oder zum Wasserrecycling errichten. Überall dort, wo einerseits große versiegelte (Dach- und Hof-) Flächen vorhanden sind und andererseits ein hoher Betriebswasserbedarf gegeben ist, kann es sinnvoll sein, die Regenwassernutzung in Erwägung zu ziehen. Nicht zuletzt durch die weitgehende Umstellung auf gesplittete Abwassergebühren wird die Regenwassernutzung für Betriebe finanziell interessant.

Das vorliegende fbr-top zeigt die vielfältigen Möglichkeiten der Betriebswassernutzung und gibt Hinweise zu Einsatzbereichen, Anlagenkomponenten und Wirtschaftlichkeit.

Einsatzbereiche

Betriebswasser kann für Verwendungszwecke eingesetzt werden, für die keine Trinkwasserqualität erforderlich ist. Eine betriebliche Wasserbilanz zeigt auf, wie Trinkwasser in diesen Fällen durch Regenwasser oder internes Kreislaufwasser ersetzt werden kann. Beispiele hierfür sind:

- Reinigung (Innen- und Außenreinigung, Reinigung von Produkten)
- Prozesswasser (z.B. Kühlwasser, Rohwasser)
- Bewässerung und Befeuchtung
- Löschwasser
- Toilettenspülung

Regenwasseraufkommen

Betriebswasserbedarf

Einsparpotential

Welches Wasser kann wiederverwendet bzw. mit wenig Aufwand zu Betriebswasser aufbereitet werden?

- Regenwasser
- Kühlwasser
- Filterrückspülwasser
- gering verschmutzte Reinigungs- und Prozesswasser

Gründe für Betriebs- und Regenwassernutzung

Für eine Betriebswassernutzung und damit für eine Trinkwassersubstitution sprechen viele Gründe:

- finanziell – geringere Gebühren und Abgaben
- werbewirksam – Imagegewinn durch praktizierten Umweltschutz, vorteilhaft bei der ökologischen Zertifizierung
- technisch – z.B. hat Regenwasser eine geringere Härte als Trinkwasser und kann daher ggf. besser als Kühlwasser eingesetzt werden
- ökologisch – Ressourcenschutz durch Verminderung der Trinkwasserförderung und Abwassereinleitung

Zahlreiche Anwendungsbeispiele aus dem Dienstleistungsbereich, dem produzierenden und verarbeitenden Gewerbe, aus der Landwirtschaft, dem Handel und aus dem Handwerk sind bereits erfolgreich realisiert worden. Viele Planer sind mit den verfügbaren Techniken vertraut. Betriebssichere Anlagen werden mittlerweile kostengünstig und schlüsselfertig geliefert, benötigen wenig Platz und können mit minimalem Aufwand gewartet werden. Diese Entwicklung kommt vor allem den Betrieben zugute, die nicht über einen Umweltbeauftragten oder Wasserexperten verfügen.

Weiterführende Literatur

- fbr (Hrsg.) (2002): Projektbeispiele zur Betriebs- und Regenwassernutzung – Öffentliche und Gewerbliche Anlagen, Schriftenreihe fbr Band 6, ISBN 3-980411-5-X.
- Hessisches Ministerium für Umwelt, Landwirtschaft und Forsten (Hrsg.) (2001): Wasser im Gewerbe, ISBN 3-89274-221-9.

fbr-top 8

Fachvereinigung Betriebs- und Regenwassernutzung e.V.
Havelstraße 7A
64295 Darmstadt
Telefon 06151/339257
Telefax 06151/339258
e-mail fbrev@t-online.de
Internet www.fbr.de

Komponenten einer Betriebswasseranlage

- Aufbereitung: Abhängig vom Verschmutzungsgrad des Wassers und der erforderlichen Wasserqualität kommen unterschiedliche Aufbereitungssysteme zum Einsatz.
- Speicher: dienen dem Ausgleich von Wasserdargebot und -bedarf. Es kommen Beton-, Stahl- oder Kunststoffspeicher sowie Teiche und offene Regenbecken zum Einsatz.
- Anlagentechnik: Pumpen, Steuerung und Trinkwassernachspeisung werden für die meisten Anwendungen als kompaktes Bauteil angeboten.
- Leitungsnetz: um das Betriebswasser zu den Verbrauchsstellen zu führen, wird ein separates Leitungsnetz benötigt. Eine strikte Trennung zum Trinkwassernetz ist einzuhalten.
- Überlauf: Speicher haben eine Rückhaltefunktion zur Schwächung von Abflussspitzen. Trotzdem muss eine sichere Ableitung des Überlaufes gewährleistet sein. Bei geeigneten Bedingungen kann das Überlaufwasser aus Regenwasserspeichern versickert werden.

Wasserdargebot, Wasserbedarf und Qualitätsanforderungen

Aus der Größe der Auffangfläche, den örtlichen Niederschlagswerten und der Berücksichtigung von Abflußverlusten ergibt sich der Regenwasserertrag. Hinzu kommt die nutzbare Wassermenge aus internen Rückführungen oder weiterverwendbaren Prozesswässern.

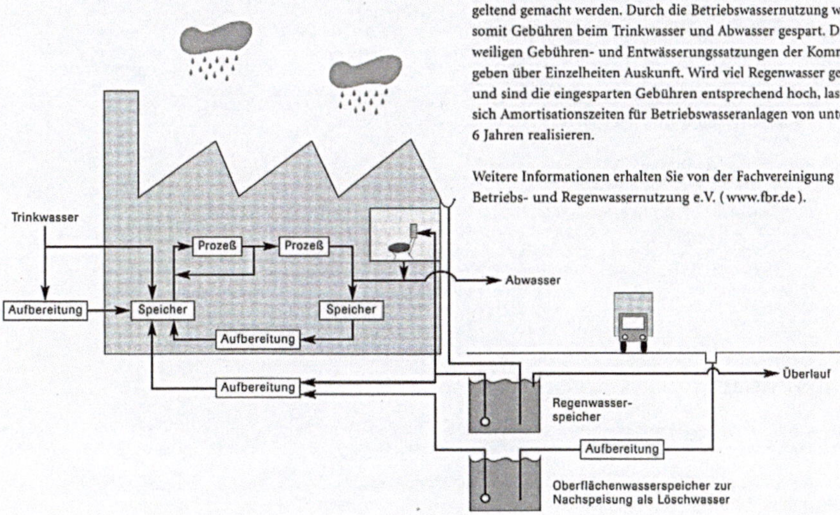

Diesem Gesamtdargebot steht der Betriebswasserbedarf gegenüber. Er wird in einzelne Betriebsbereiche untergliedert. Desweiteren spielt die Wasserqualität eine Rolle. Sinnvoll ist es, Einsatzgebiete mit gleichen Verwendungsarten zusammen zu fassen und zu prüfen, ob Teilströme aus einem Bereich an anderer Stelle weiterverwendet werden können. Häufig ist eine direkte Kreislaufschließung möglich oder durch einfache Aufbereitung umsetzbar.
Bei der Realisierung der Betriebs- und Regenwassernutzung in kleinen und mittelständischen Betrieben ist eine Vermittlung von kompetenten Fachleuten und Firmen durch die fbr möglich.

Gebührensituation und Wirtschaftlichkeit

Die Wirtschaftlichkeit von Betriebswasseranlagen wird von mehreren Einflußfaktoren bestimmt:
- Trink-, Schmutz- und Regenwassergebühren
- Investitionen (Anlage und Installation)
- Jahreskosten (Betriebs- und Kapitalkosten)
- Fördermöglichkeiten

Durch die in vielen Kommunen bestehende bzw. geplante Einführung der gesplitteten Abwassergebühr erhöhen sich für viele Betriebe die Gebühren erheblich. Dies ist besonders dann der Fall, wenn große versiegelte Flächen an der Kanalisation angeschlossen sind (Dach, Betriebshof, Parkplätze, etc.). Werden die versiegelten Flächen ganz oder teilweise an eine Regenwassernutzungsanlage angeschlossen, kann dies hinsichtlich der Entwässerungsgebühren geltend gemacht werden. Durch die Betriebswassernutzung werden somit Gebühren beim Trinkwasser und Abwasser gespart. Die jeweiligen Gebühren- und Entwässerungssatzungen der Kommunen geben über Einzelheiten Auskunft. Wird viel Regenwasser genutzt und sind die eingesparten Gebühren entsprechend hoch, lassen sich Amortisationszeiten für Betriebswasseranlagen von unter 6 Jahren realisieren.

Weitere Informationen erhalten Sie von der Fachvereinigung Betriebs- und Regenwassernutzung e.V. (www.fbr.de).

Niederdruckverdampfung von Industrieabwässern

Fraunhofer-Institut für Grenzflächen- und Bioverfahrenstechnik IGB

Aufkonzentrierung von wässrigen Lösungen und Abwässern im Entsorgungsbehälter

In vielen kleinen und mittleren Industriebetrieben fallen stark verunreinigte Abwässer an, die entsprechend den geltenden Richtlinien aufbereitet oder entsorgt werden müssen. Dabei wird bei kleineren Abwassermengen üblicherweise eine Entsorgung durch externe Dienstleister gewählt. In diesem Fall bietet die Vakuumverdampfung deutliche Einsparpotenziale, durch eine effiziente Reduzierung des Abwasservolumens und durch die Möglichkeit der Rückgewinnung von Wasser und enthaltenen Wertstoffen. Die niedrigen Prozesstemperaturen ermöglichen beispielsweise die Verwendung von Abwärme aus der Produktion oder auch von Wärme aus solarthermischen Modulen.

Ausgangssituation

In industriellen Produktionsbetrieben fällt oftmals hoch belastetes Abwasser an, das nicht ins kommunale Abwassernetz eingeleitet werden darf. Die Verunreinigungen sind teilweise sehr komplex und schwer abbaubar (Schwermetalle, Cyanid-Salze, Lösemittel, komplexe chemische Verbindungen, etc.). Für viele Unternehmen stellt dies ein Problem dar. Selbst wenn eine Aufbereitung möglich wäre, kann insbesondere in kleinen Betrieben, in denen oft nur geringe Mengen Abwasser anfallen, eine eigene herkömmliche Wasseraufbereitungsanlage nicht ökonomisch bzw. effizient betrieben werden.

In vielen Fällen muss daher eine externe Entsorgung durch einen Dienstleister beauftragt werden, wobei dann meist eine thermische Verwertung oder in manchen Fällen eine Deponierung als Sondermüll erfolgt.
Die Kosten für eine externe Entsorgung betragen je nach Branche bzw. Abwasserart bis zu 700 €/m³ zuzüglich der Transportkosten von bis zu 500 €/m³.

Typisch für derartige Abwässer ist, dass die Schadstoffkontamination sehr häufig in einer hohen Verdünnung mit einem Wasseranteil von 90 % und mehr vorliegt. Da sich die Entsorgungskosten nach dem Abwasservolumen richten, wirkt sich der Wasseranteil entscheidend auf diese aus. Zudem gehen dem Betrieb durch die Entsorgung des Abfallstoffes sowohl dasenthaltene Wasser als auch Wertstoffe, z. B. in Form organischer Lösemittel, ohne die Möglichkeit einer Rückgewinnung verloren.

Lösungsansatz

Die Destillation, beziehungsweise Verdampfung ist ein traditionelles und allgemein bekanntes Verfahren zur Stofftrennung und bietet auch hier eine Möglichkeit der Problemlösung.

Das Prinzip dieses thermischen Trennverfahrens ist, das Wasser und andere flüchtige Bestandteile durch Verdampfen und Kondensieren zu entfernen – bei gleichzeitiger Rückhaltung der restlichen Abwasserinhaltsstoffe. Generell ist die notwendige Verdampfungstemperatur vom Druck abhängig, wobei sie sich mit sinkendem Druck, also im Vakuum, deutlich reduziert.

Siehe auch den Artikel: Verdampfung mit gravitativer Vakuumerzeugung

Vakuumverdampfung zur Volumenreduzierung

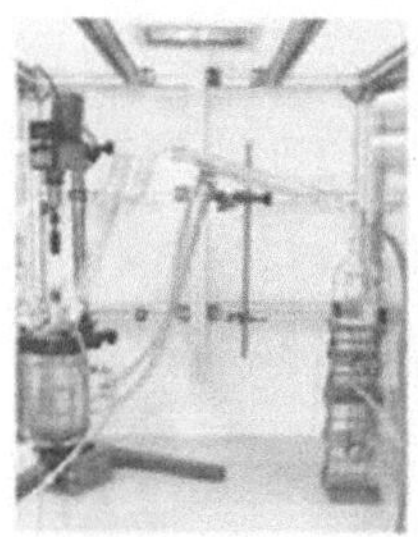

Bild 1: Versuchsaufbau im Labormaßstab.

Bild 2: Beispiel eines Abwassers (links) mit Konzentrat und Destillat zum Vergleich.

Das Fraunhofer-Institut für Grenzflächen- und Bioverfahrenstechnik IGB hat in einem gemeinsamen Entwicklungsprojekt mit der Firma Maschinenbau Lohse dieses Prinzip der Verdampfung unter Vakuum zunächst in einer geeigneten Glas-Apparatur im Labormaßstab umgesetzt.

Hier konnten unterschiedliche Abwasserarten aus verschiedenen Branchen der Industrie bearbeitet und entsprechend analysiert werden.

Einerseits um das Verfahren im Allgemeinen zu validieren und andererseits um branchenspezifische Abwassereigenschaften identifizieren zu können und den jeweiligen Nutzen der Behandlung zu beurteilen.

Insbesondere wurden verschiedene Abwässer aus der galvanischen Industrie, aus der Farbmittelherstellung und aus der Druckwalzenreinigung untersucht. In den Bildern 1 und 2 sind die Laboranlage sowie ein Abwasser und das zugehörige Konzentrat bzw. Destillat dargestellt.

Erster mobiler Prototyp

Bild 3: CAD-Modell des Prototypen.

Bild 4: Fertiggestellter Prototyp.

Auf den Laborversuchen aufbauend wurde in einer Kooperation zwischen der Maschinenbau Lohse GmbH und dem Fraunhofer IGB ein Verfahren zur Vakuumverdampfung entwickelt, das in einer modularen Anlage dargestellt werden kann. Ein erster mobiler Prototyp dieses Systems, der beispielsweise bei Interessenten zum Probebetrieb aufgebaut werden kann, wurde bereits umgesetzt und befindet sich momentan in der Inbetriebnahme- und Validierungsphase (Bilder 3 und 4).

Es handelt sich dabei um ein System, das auf einfachen Technologien basiert und daher wartungsarm ist. Insbesondere zum Vorteil kleiner und mittlerer Unternehmen wurde ein innovatives Anlagendesign entwickelt, das eine Eindampfung des Abwassers direkt in einem gebräuchlichen Entsorgungsbehälter ermöglicht und somit den Aufwand für Umfüll- und Reinigungsarbeiten minimiert. Zudem sollen Ablagerungen oder Verkrustungen in der Anlage und resultierende Stillstandzeiten vermieden werden.

Aufgrund der durch das Vakuum reduzierten Siedetemperatur lassen sich für diesen Prozess Wärmeströme ab einer Temperatur von ca. 40-50 °C nutzen. Insbesondere wird die Nutzung von Abwärme niederer Temperatur oder solarer Wärme als Energiequelle ermöglicht. Weiterhin kann die bei der Kondensation des Dampfes wieder frei werdende Energie genutzt werden, beispielsweise zur Vorwärmung des Schmutzwassers oder verschiedener Prozessströme im Produktionsbetrieb.

Das nach diesem Verfahren entfernte Wasser kann in vielen Fällen in der Produktion oder auch zu Spülzwecken wieder eingesetzt werden. Darüber hinaus lassen sich in diesem Prozess im Prinzip auch organische Lösemittel abtrennen und wieder einsetzen. Durch die Kondensation des Dampfes in mehreren Schritten bei unterschiedlichen Temperaturen können theoretisch sogar unterschiedlich flüchtige Abwasserinhaltsstoffe separat abgetrennt und zurückgewonnen werden.

Versuche im Technikumsmaßstab

Um die theoretischen und praktischen Grundlagen für eine solche selektive Trennung weiter zu erschließen werden neben der Pilotierung zusätzlich Versuche im Technikumsmaßstab durchgeführt. Zu diesem Zweck steht eine automatisch arbeitende Laboranlage zur fraktionierten Destillation zur Verfügung, in der verschiedene Modellabwässer behandelt werden können. Im Vorlauf wurden dazu, durch Literatur- und Marktrecherche, die wichtigsten industriellen Lösemittel identifiziert, die für eine Anwendung in dem dargestellten Verfahren in Betracht kommen. Besonders wichtige Kriterien für die Eignung unterschiedlicher Lösemittel sind dabei der Verlauf ihrer Dampfdruckkurven – insbesondere in Bezug auf Wasser – und eventuelle physikalisch-chemische Wechselwirkungen, Bildung von Azeotropen, etc. Durch diese Faktoren wird die Durchführbarkeit bzw. der Aufwand einer Abtrennung unterschiedlicher Komponenten wesentlich beeinflusst.

Anwendung

Das beschriebene System zielt insbesondere auf die flexible Anwendung in kleinen und mittleren Betrieben ab, die ihr Abwasser bisher gar nicht oder nur teilweise in eigenen Anlagen aufbereiten können und so von Entsorgungsdienstleistern abhängig sind. Die zu entsorgenden Abwassermengen lassen sich in solchen Fällen signifikant reduzieren. Darüber hinaus wird oft eine optimierte Nutzung von Rohstoffen und von Prozesswasser- bzw. Wärmeströmen möglich sein. Zielbranchen sind beispielsweise die Farb-/Druck- oder Textilindustrie sowie die Metall- bzw. Galvanikindustrie.

Förderung

Die beschriebene Entwicklung wurde teilweise über die Arbeitsgemeinschaft industrieller Forschungsvereinigungen (AiF) gefördert (Förderkennzeichen KA 0602701WD7 / KA 2388501).

Projektpartner

Maschinenbau Lohse GmbH

Ansprechpartner:
Fraunhofer-Institut für Grenzflächen- und Bioverfahrenstechnik IGB
Nobelstraße 12
70569 Stuttgart
Tel. +49711970-4401
www.igb.fraunhofer.de

Literatur

Abwassermonitor (2011): NSM-Initiative Neue Soziale Marktwirtschaft GmbH; Georgenstraße 22 in 1017 Berlin, www.info@insm.de

Agenda 21: Konferenz der Vereinten Nationen für Umwelt und Entwicklung im Juni 1992 in Rio de Janeiro. Original Dokumente in deutscher Übersetzung; Bundesministerium für Umwelt, Naturschutz und Reaktorsicherheit in Berlin, www.bmu.de, 2011

Ahrens, A., Böhm, E., Heitmann, K., Hillenbrand, T. l. (2011): Leitfaden zur Anwendung umweltverträglicher Stoffe. Teil Eins; Fünf Schritte zur Bewertung von Umweltrisiken; Umweltbundesamt; Bismarckplatz 1 in 14191 Berlin, www.umweltbundesamt.de

ATV-DVWK-M153 (2000): Handlungsempfehlung zum Umgang mit Regenwasser; Theodor-Heuss-Alle 17 in 53773 Hennef

Aufbereitung von Industrieabwasser und Prozesswasser mit Membranverfahren und Membranbelebungsverfahren, Teil 1: Membranverfahren, (November 2007); Theodor-Heuss-Alle 17 in 53773 Hennef; www.dwa.de

Bannick, C., Engelmann, B., Fendler, R., Frauenstein, J., Ginzky, H., Hornemann, C., Ilvonen, O., Kirschbaum, B., Penn-Bressel, G., Rechenberg, J., Richter, S., Roy, L., Wolter, R. (2008): Grundwasser in Deutschland; Bundesministerium für Umwelt, Naturschutz und Reaktorsicherheit (BMU), www.bmu

Beste verfügbare Techniken – (BVT); Download der BVT-Merkblätter, in www.bvt.umweltbundesamt.de/sevillia/kurzue.htm (2011)

Bezirksregierung Detmold (2011); EG-Wasserrahmenrichtlinie, Liste der prioritären Stoffe, Mai 2009; www.bezreg-detmolde.nrw.de

Bischof, F. und Glas, K. (2009): Effiziente Wasserkreisläufe entwickeln; wwt Wasserwirtschaft Wassertechnik, Nr 11/12, ISSN: 1438-516; Seiten 28–32

Bischofsberger, W. und Gegemann, W (2005): Lexikon Abwassertechnik; 7. Auflage, Vulkan Verlag, ISBN-10: 3802728440

Bischofsberger, W., Dichtl, N., Rosenwinkel, K.-H., Seyfried, C. F. und Böhnke, B, (2004): Anaerobtechnik – Handbuch der anaeroben Behandlung von Abwasser und Schlamm, 2. Auflage (2004); Springer Verlag Berlin.

Böhm, E., Hillenbrand, T., Marscheider-Weidemann, F., Schemp, C., Fuch S., Scherer U.(2001): Bilanzierung des Eintrages prioritärer Schwermetalle in Gewässer; UBA-Texte 29/1; Umweltbundesamt (UBA) Berlin, 2001; Cit. In Hillebrand, Thomas et. al., Technische Trends der industriellen Wassernutzung. Arbeitspapier (2008); Fraunhofer-Institut für System- und Innovationsforschung (ISI, Breslauer Str. 48 in 76139 Karlsruhe; E-Mail:thomas.hillenbrand@isi.fraunhofer.de

Bourdiga, S., (September (2010): Regenwasser optimiert das Kühlwasser-Regime bei BK Guilini, Fbr-Wasserspiegel; Zeitschrift der Fachvereinigung Betriebs- und Regenwassernutzung e. V., 4/10

DOI 10.1007/978-3-658-01040-9, © Springer Fachmedien Wiesbaden 2014

Brockmann, M. (2011): Roche nutzt Energie aus Abwasser, Aquantis GmbH; Lise-Meitner-Str. 4a in 40878 Ratingen, Tel 02102-99754-0, www.vws-Aquantis.com 978-3-519-15247–7

Bundesanstalt für Gewässerkunde Koblenz (2003), Hydrologischer Atlas von Deutschland: Klimatische Wasserbilanzkarte von Deutschland 1961–1999

Bundesministerium für Bildung und Forschung (BMBF): Nachhaltiges Wirtschaften, (2004); BMF; Referat Publikationen, Internetredaktion in 11055 Berlin; www. bmbf.de

Bundesministerium für Umwelt, Naturschutz und Reaktorsicherheit; Referat WA II 2 (2011); Arbeitsentwurf eines Gesetzes zur Neuordnung des Kreislaufwirtschafts- und Abfallrechts; Stand: 23. Februar 2010

Bundesverband der Energie- und Wasserversorgung (2008): BDEW Vermerk: Wasserpreise – Fragen und Antworten (1/2008); (BDEW) info@bdew.de

Demarez, P. (2007): Vakuumdestillation steigert Effizienz der Emulsionsaufbereitung; MM Maschinenmarkt; Vogelverlag www.maschinenmarkt.vogel.de

Deutsche Bundesstiftung Umwelt (2009): Heizen und Kühlen mit Abwasser, Ratgeber für Bauträger und Kommunen; Stand 01/2009 Bezug Marketing + Wirtschaft Verlagsges. Flade + Partner mbH; Elisabethstr. 34 in 80796 München; www.umweltaerme.info

Deutsche Bundesstiftung Umwelt (DBU) (2009): Wasser intelligent nutzen – nachhaltig schützen; DBU Postfach 1705 in 49007 Osnabrück, Telefon 0541/9633

Deutsche Bundesstiftung Umwelt (DBU): DBU aktuell Nr. 6 (Juni 2010), Informationen aus der Fördertätigkeit der deutsche Bundesstiftung Umwelt

Deutsche Energie-Agentur (dena) (2011): Energierückgewinnung aus Industrieabwasser; www. Industrie-energieeffizient.de

Deutsche Energie-Agentur (dena) (2011): Energie aus Abfall, Abwasser und Grubengas,; Chausseestraße 128a in 10115 Berlin; aus www.dena.de; www.thema-energie.de/infos/impressun.html

Deutsche Vereinigung für Wasserwirtschaft, Abwasser und Abfall e. V. DWA: (2007)

DVGW e. V. (2011); Der Kreislauf des Wassers – ein faszinierendes Perpetuum mobile, www.dvgw.de/wasser/informationen-fuer-verbraucher/wasserkreislauf/

DWA – Deutsche Vereinigung für Wasserwirtschaft, Abwasser und Abfall e. V. Landesverband Bayern (2009): Wasserinfrastruktur – eine Energiequelle von morgen?; Friedenstraße 40 in 81671 München Mitglieder-Rundbrief 1/2009; Seite 32

DWA-Regelwerk; Merkblatt DWA-M 363 (2011); Herkunft, Aufbereitung und Verwertung von Biogasen, DWA Deutsche Vereinigung für Wasserwirtschaft, Abwasser und Abfall e. V.: ISBN 978-3-941897-52-6; www.dwa.de

EFA Effizienz-Agentur NRW (2011): Der PIUS-Check: Ihr Einstieg in den Produktionsintegrierten Umweltschutz, Mühlheimer Straße 100 in 47057 Duisburg, www.efanrw.de

Eisenmann Anlagenbau GmbH & Co. Kg. (2011): Das richtige Verfahren für jeden Einzelfall: Tübinger Straße 81 in 71032 Böblingen, aus info@eisenmann.com

Energie Agentur NRW (2011); Zentrale Kasinostraße 19–21 in 42103 Wuppertal; Tel 0202-24552-0; www.energieagentur.nrw.de

EnviroChemie GmbH; In den Leppsteinswiesen 9 64380 Rossdorf; Tel. 06154-699873; www.envirochemie.com

Europäische Umweltagentur (2012): Wenn die Quellen versiegen- Anpassung an den Klimawandel und das Problem mit dem Wasser; www. eeaa.europa.eu/de/articles/wenn-die-quellen-versiegen

EU-Wasserrahmenrichtlinie; EU-WRRL; Richtlinie 2000/60/EG des Europäischen Parlaments und des Rates vom 23. Oktober 2000

Fachverband Biogas e. V. (2010): Entwicklung der Biogasanlagen in Deutschland, Angerbrunnenstraße 12 in 85356 Freising, www. biogas.org

Fachvereinigung Betriebs- und Regenwassernutzung e. V. (2011): Betriebs- und Regenwassernutzung für kleine und mittelständische Betriebe: wirtschaftlich und ökologisch sinnvoll!, fbr-top8; Havelstraße 7a in 64295 Darmstadt, www.fbr.de

Fachvereinigung Betriebs- und Regenwassernutzung e. V. (2007): Projektbeispiele zur Betriebs- und Regenwassernutzung: Schriftenreihe fbr 6; Darmstadt (2007), Fachvereinigung Betriebs- und Regenwassernutzung e. V., Havelstraße 7a in 64295 Darmstadt; www.fbr.de

Fachzentrum Wärme aus Abwasser, Abwasser-Dresden GmbH (2012): Broschüre:Abwasser zum Wegwerfen zu Schade?; Wehlener Straße 46 in 01279 Dresden, www.waerme-aus-abwasser.de

Fischer, J. (2010): Wassermangel: England verbietet Blumengießen; WZ Newsline Westdeutsche Zeitung, (8.Juli 2010), www.wznewsline.de/home/panorama/wassermangel

Fischer, P (2010): Verdampferanlagen senken Entsorgungskosten, MM Maschinenmarkt (19/2010), Vogelverlag, www.maschinenmarkt.vogel.de

Fischer, P. (2008): Regenerierung von Prozesslösungen durch Kristallisation und Elektrolyse, Metall, 60. Jahrgang, (6/2008)

Fischwasser, K., Schiffer, A., Schwarz, R. (2008): Umweltschutz durch Minimierung der Stoffverluste, Beitrag für das Colloquium „Produktionsintegrierte Wasser-/Abwassertechnik“ am 22.–23.09. 2008 in Bremen

Frerot, A. (2009): Die Europäische Union vor der Herausforderung Wasserknappheit, Fondation Robert Schuman; Europäische Fragen n. 126; www. Robert-schumann.eu/doc/questions

Freund, Jochen (2010): Abwasserfreie Kreislaufführung von Prozesswasser ist wirtschaftlich, MM Maschinenmarkt 43/2010, Seiten 42–43, Vogel Business Media GmbH & Co. KG, Max-Planck-Straße 7/9 in 97082 Würzburg

Gartiser, St. und Killer A., (2010): Bestimmung der anaeroben Abbaubarkeit von Hochlastabwasser im Semibatch-Verfahren zur Bilanzierung von Stoffströmen bei der Co-Vergärung, GWF-Wasser/Abwasser

GEA Westfalia Separator Group GmbH (2011): Werner-Habig-Straße 1; 59302 Oelde; Tel 492522 77-0; www.westfalia-separator.com

Gebrüder Decker Verfahrenstechnik GmbH (2011): Abwasserfreie Galvaniken. Am Röthenbühl 7 in 92348 Berg/Opf. in www.decker-vt.de; Telefon 09189/4410–0

Geißen, S.-U., Soo-Myung, K. (2008); Industrielle Abwässer – Entwicklungen und Perspektiven; TU International 62; (Januar 2008), www.sven.geissen@tu-berlin.de

Gesetz zur Ordnung des Wasserhaushalts (Wasserhaushaltsgesetz – WHG) vom 31. Juli 2009 (BGBl. I S. 2585), das durch den Artikel 12 des Gesetzes vom 11 August 2010 (BGBl I 1163) geändert wurde

Gutzwiller, St., Rigassi, E., Eicher, HP. (Juli 2008): Abwasserwärmenutzung, Projekt-Nr. 101722; Bezugsort der Publikation: www.ewg-bfe.ch und www. Energieforschung.ch

H2O GmbH proces water engineering (2011): Spülwasseraufbereitung nach dem VACUDEST®-Verfahren, www.h2o-gmbh.com

H2O GmbH process water engineering (2012): Härterei – Spülwasseraufbereitung nach dem Vacudest-Verfahre; Wiesenstraße 32 in 79585 Steinen; www.vacudest.com

H2O GmbH process water engineering (2012): Ni-Spülwässer Spülwasseraufbereitung nach dem Vacudest-Verfahren; Wiesenstraße 32 in 79585 Steinen; www.vadudest.com

Hartinger, L.; Taschenbuch der Abwasserbehandlung für die metallverarbeitende Industrie; 1. Auflage; Carl Hanser Verlag München Wien (1976)

Hartinger, L (1991): Handbuch der Abwasser und Recyclingtechnik für die metallverbarbeitende Industrie, 2. Auflage, Carl Hanser Verlag München Wien (1991)

Hartinger, L. (1981); Recycling in der Metallindustrie fördert Umweltschutz; Future, Seite 335–336; Ingenieur Digest; Verlagsgesellschaft mbH; Mainz 1981, cit in Hartinger, L.; Handbuch der Abwasser und Recyclingtechnik für die metall-verarbeitende Industrie; 2. Auflage; Carl Hanser Verlag München Wien (1991), Seite 437

Henig, M. (2010): Membranbioreaktor zur Wasseraufbereitung, PROCESS; Vogel Business Media; www. Process.vogel.de

Hillenbrand, T., Satorius, C., Walz, R. (2008): Technische Trends der industriellen Wassernutzung; Arbeitspapier; Fraunhofer-Institut für System- und Innovationsforschung (ISI, Breslauer Str. 48 in 76139 Karlsruhe; E-Mail:thomas.hillenbrand@isi.fraunhofer.de

Hoppenheidt, K., Hirsch, P., Kottmair, A.; Nordsieck, H. Mücke, W, Kübler, H.; Nimmrichter, R. (2009): Co-Vergärung von Bioabfällen und organischen Gewerbeabfällen, Ergebnisse eines großtechnischen Pilotvorhabens, VDI-Seminar Biogene Abfälle/Holz/Klärschlamm - Verwertung/ Behandlung/Beseitigung vom 14. 4. bis 15. 4. 2009; Bamberg

Hosang, W. und Bischof, W., (1998): Abwassertechnik, Springer Vieweg ISBN 978-3-519-15247-7

Huber Report (Oktober (2012): Energie aus Abwasser mit HUBER Abwasserwärmetauscher RoWin, www.huber.de

Huber Report, (April (2012): Mit der WAp-Sl Faulgasausbeute erhöhen Huber Se; Industriepark Erasbach A1; 92334 Berching; www.huber.de

Imhoff, K. und Klaus R. (1999): Taschenbuch der Stadtentwässerung; 29. Auflage; R. Oldenbourg Verlag München Wien, ISBN 3-486-26333-1; Seite 380

IVU-Richtlinie; Richtlinie 2008/1/EG des Europäischen Parlaments und des Rates vom 15. Januar 2008 über die integrierte Vermeidung und Verminderung der Umweltverschmutzung; 2008/1/ EG: 29. Januar 2008 ABL. EG Nr. L 24 S. 008–0029

IW Institut der deutschen Wirtschaft Köln Consult GmbH, (2008): Abwassergebühren im Vergleich, INSM Abwassermonitor, www.iwconsult.de

Jüttemann, H., (2001): Wärme- und Kälterückgewinnung, 4. Auflage Werner Verlag, Düsseldorf, ISBN 3-8041-2233-7

Kassel, T. (2010): Vom industriellen Abwasser zum VE-.Wasser. Outsourcing und Betreibermodelle; wwt Wasserwirtschaft Wassertechnik 7/8, S. 28–29, ISSN: 1438–5716

Kiechle, C. (9/2011): Langjährige Betriebserfahrung mit Biothane Verfahren in der Papierindustrie; Wochenblatt für Papierfabrikation

Kolb, Frank R. und Gilber, C. (10/2009): Co-Vergärung als Energiequelle, www. wwt-online.de

KomPass, Kompetenzzentrum Klimafolgen und Anpassung, www.anpassung.net/DE/fachinformationen/KlimaFolgenAnpassung; (2011)

König, E. (2011): Checkliste Abwasser-Management; Am Wiesengrund 20 in 91732 Merkendorf

König, K. (Mai (2011); Kühlen mit Wasser und Bauwerksbegrünung; Technik Haustech., Nr. 5

König, K. (Juni (2010): Aluminium und Regenwasser: Industrie nutzt natürliche Rohstoffpotenziale; GWF-Wasser/Abwasser

Köppke, K. E. (April 2009): Anpassung des Standes der Technik in der Abwasserverordnung, Abschlussbericht im Auftrag des Umweltbundesamtes, FKZ 3707 26 300, Ingenieurbüro Dr. Köppke GmbH, Elisabethstraße 31 in 32545 Bad Oeyenhausen

Krieg um Wasser; Die neue Gefahr für den Weltfrieden; Scinexx Das Wissensmagazin; (15.04.2011); Springer Verlag, Heidelberg-MMCD interactive in science; Düsseldorf; www.g-o.de

Kühni, M., Warthmann, R., Bair, U. (2010): Energieautarke ARA ist technisch möglich; Umwelt Perspektiven; 3-2010; Postfach in 8308 Illnau CH; www.Umweltbiotech.Zhaw.ch/umweltsperspektiven-Anaerobe-Abwasserbehandlung-pdf

Lehr-und Handbuch, der Abwassertechnik;Band, V;, (1985): Organisch verschmutzte Abwässer der Lebensmittelindustrie; ATV e. V.; ISBN 3-433-00906-6; Ernst, Verlag für Architektur u. techn. Wiss., Berlin; Seite 122

Leiblein GmbH; Adolf-Seeber-Str. 2; D-7436 Hardheim; www.Leiblein.de, (2011)

Lieber, H.-W (1995): Abwasserfreie Metalloberflächenbehandlung, Abwasservermeidung - Abwasserbehandlung, Symposium Berlin, (13. und 14. Februar 1995) IWS-Schriftenreihe Band 24; Erich Schmidt Verlag GmbH & Co, Berlin (1995); ISBN 3 503 03883 3

Mall GmbH; (2011) Projektbericht: Regenwassernutzung; Betriebshof Marl; Oststraße 7; 48301 Nottuln; www.mall.info

Max-Planck-Institut für Meteorologie (2013): Wasserkreislauf; www.mpimet.mpg.de

MDS Prozesstechnik GmbH (2011): Prozesswasserrückführung – Wertstoffgewinnung; Bahnhofstraße 315 in 47447 Moers, boetettger@mds-pro.de

Melberg, C. (2011): Rohstoff Wasser wird zum Standortfaktor in den Niederlanden – Wiederaufbereitung und Kreislaufführung stärken Wettbewerbsfähigkeit; Siemens.com Global Website; www.siemens.comPress

Mindestanforderungen an das Einleiten von Abwasser in Gewässer, Hinweise und Erläuterungen zu Anhang 40 der RahmenVWV. Bundesministerium Umwelt, Naturschutz und Reaktorsicherheit und der Länderarbeitsgemeinschaft Wasser; Bundesanzeiger Verlagsgesellschaft mbH in Köln, (1993), ISBN 3-88784-395–0

Ministerium für Umwelt, Forsten und Verbraucherschutz Rheinland-Pfalz (2006): Effiziente Energienutzung in kleinen und mittelständischen Unternehmen in Rheinland-Pfalz; Kaiser-Friedrich-Str. 1 in 55116 Mainz

Müller, M. (2007): Biogas aus Industrieabwasser – moderne Energiegewinnung im Industriepark Höchst; Deutscher Fachverlag, www.ask-eu.de/Artikel/1201/biogas -aus-Industrieabwasser

Nachhaltige Ressourcennutzung durch Phosphorrückgewinnung aus Abwasser und Klärschlamm; BMU-Studie, (September (2007), www.bmu.de

Nanofiltration trennt Lösungen; Nachhaltiges Wirtschaften; Bundesministerium für Bildung und Forschung (BMBF); Referat Publikationen, Internetredaktion; www.bmbf.de, (2011)

Niederdruckverdampfung von Industrieabwässer, (14.09.210), GIT Verlag GmbH & Co. Kg; Rösslerstrasse 90 in 64293 Darmstadt; Tel 06151/8090-0; www. Git-labor.de

Niedersächsisches Ministerium für Umwelt und Klimaschutz; Die EG-Wasserrahmenrichtlinie (EG-WRRL); www. umwelt.niedersachsen.de/live; (2011)

Paeger, J. (2012): Ökosystem Erde, Wassernutzung durch den Menschen; www.ökysystem-erde.htlm/wassernutzung.

Peters-Erjawetz, S., Räbiger, N. (9/2009): Rückgewinnung von Kupfer; Abwässer aus der Metallindustrie; WWT Wasserwirtschaft, Wassertechnik, www.wwt-online.de

Planung einer Regenwassernutzungsanlage; www.oekologisch-bauen.info/sanitaer/regenwassernutzung_berechnung.php; Ökologisch Bauen Markus Boos & Gerd Hansen GbR; Flößstraße 56 in 74321 Bietigheim-Bissingen

Produktionsintegrierter Umweltschutz (PIUS): Förderprojekte aus der „Initiative ökologische und nachhaltige Wasserwirtschaft NRW“; Ministerium für Umwelt und Naturschutz, Landwirtschaft und Verbraucherschutz NRW (MUNLV); (Februar 200), bearbeitet von: Effizienzagentur NRW, Mühlheimer Str. 100, 47057 Duisburg, www.efanrw.de

Produktionsintegrierter Umweltschutz (PIUS): Grundlagen und Anwendungsbereich; VDI-Richtlinie 4075; (März 2005), Verein Deutscher Ingenieure, www.vdi.de, Beuth Verlag GmbH ,10772 Berlin

Regenwassernutzung im häuslichen Bereich – kein Gesundheitsrisiko: fbr-top2 (2004); Fachvereinigung Betriebs- und Regenwassernutzung e. V., Havelstrasße 7a in 64295 Darmstadt, www.fbr.de

Reiss, M. (2011): Eine geographische Gewässerkunde des Binnenlandes, www.hydrogeographie.de/wasserkreislauf.htm

Rennings, K.:(März 2005): Integrierter Umweltschutz setzt sich international durch, ZEWnews, Zentrum für Europäische Wirtschaftsforschung GmbH; www.zws.de

Reuter, B.; (2012); Wirtschaft: Unternehmen treiben ihre eigene Energiewende voran; aus: www.wiwo.de/wirtschaft-unternehmen-treiben –ihre- eigene -Energiewende- voran.

Rheinlad-Pfalz, Ministerium für Umwelt, Landwirtschaft, Ernährung, Weinbau und Forsten (2012): Information zum Wassercent, www.mulewf.rlp.de

Rienhoff, H., Schiffer, A., und Schwarz, R. (2011): Kostensenkung durch Umweltschutz; Blasberg Werra Chemie GmbH, Meininger- Str. 51 in 98544 Zella Mehlis, Tel 03682/46055-0 und Galvano-Abwassertechnik Rienhoff GmbH in Unna

Rosenwinkel, K.-H., Borchmann, A., Brinkmeyer, J., Hinken, L. (2008): Produktionsintegrierter Umweltschutz in der Industriewasserwirtschaft; Fachtagung der VSA-Kommission "Industrie und Gewerbe" in Emmenbrücke (Schweiz)

Rückgewinnung von Hochsiedern aus Abwasser: De Dietrich Process Systems GmbH, Hattenbergstraße 36 in 55122 Mainz; 06131/9704-0; www.qvf.com

Rzepka, G. (2004): Intelligentes Reststoffmanagement in einem Pharmabetrieb, Process; www.process.vogel.de; Vogel Business Media GmbH & Co. KG; Max-Plank-Strasse. 7/9 in 97082 Würzburg

Schnell, H., (1994): Wärmetauscher, Energieeinsparung durch Optimierung von Wärmeprozessen, 2. Auflage Vulkan-Verlag, Essen, ISBN 3-8027-2369-4

Schönbäck, W., Oppolzer, G., Kraemer., R.-A., Wenke, H., Herbke, N. (2011): Informationen zur Umweltpolitik; Internationaler Vergleich der Siedlungswasserwirtschaft, Band 2, Länderstudie England und Wales; 153/; AK Österreich, Österreichischer Städtebund; aus www. ecologic.eu/de/1328

Schubert, H. (August (2003): Kreislaufwirtschaft wird Standortfaktor, Chemische Rundschau Nr. 33; Seite 2; VCH Verlagsgesellschaft mbH; Postfach 101161 in 69451 Weinheim

Stadtwerke Bielefeld GmbH (2011): Bild Wasserkreislauf; in Schildescher Straße 16 33611 Bielefeld; aus www.kinderrathaus.de/impressum

Staud, E. und Kolar, U. (26/2002): Im Kreislauf; MM Das Industriemagazin, Seite 36; Vogelverlag 97082 Würzburg

Stiefel, R. (2011): Regenwassernutzung im Betrieb; Das neue Wasserrecht für die betriebliche Praxis; WEKA-Media GmbH & Co. KG; Römerstraße in 86438 Kissingen; www.weka.de

Deutsche Stiftung Weltbevölkerung (DSW) (2013): Wasser: Daten/Statistiken/Grafiken, Wasserverfügbarkeit 2000, Prognosen 2050; www.agenda21-treffpunkt.de/daten/wasser.htm

Störmer, E. (Juni (2010): Die nächste Generation dezentraler Abwassertechnologien für den Weltmarkt; fbr-wasserspiegel, Seiten 26–27; Zeitschrift der Fachvereinigung Betriebs- und Regenwassernutzung e. V.; ISSN.www.fbr.deN 1436–0632

Umweltbundesamt (UBA) (2005); Versickerung und Nutzung von Regenwasser; Information; Postfach 1406 in 06844 Dessau; www.umweltbundesamt.de

Umweltbundesamt (UBA); Wasserressourcen und ihre Nutzung- Daten zur Umwelt; 2011; www.Umweltbundesamt-umwelt.de/umweltdaten/public/Theme.do

Union Investment Privatfonds GmbH; (2011): Rohstoffe sind die Säulen der Weltwirtschaft; Quartal 4/2011; www.union-investment.de

VDI-Richtlinie 3800: Ermittlung der Aufwendungen für Maßnahmen zum betrieblichen Umweltschutz; Dezember (2000); Verein Deutscher Ingenieure (VDI); Beuth Verlag GmbH, 10882 Berlin

Verordnung über Anforderungen an das Einleiten von Abwasser; AbwV Anhang 29 Eisen- und Stahlerzeugung; BGBl. I 2002, 2504–2506. Zitiert in www. wasser-wissen.de/gesetze/abwV/anhang-29.htlm (2011)

Verordnung über die Qualität von Wasser für den menschlichen Gebrauch (Trinkwasserverordnung – TrinkwV (2001); BGBl. I S 959, zuletzt durch Artikel 1 der Verordnung vom 3. Mai 2011 (BGBl I S 748) geändert

Wallstreet:online; Die Buntmetallpreise verändern sich mit dem Angebot (14.04.2001), www.wallstree-online/de

Wärmerückgewinnung aus, Abwasser;Eawag, (2009), Schriftreihe der Eawag Nr. 19; Bezug: Eawag/Emoa Bibliothek, Dübendorf (CH); ISBN-Nr. 978-3-905484-13-7; http://library.eawag-empa.ch/schriftreihe.htm

Weichgrebe, D. (2002): Innerbetriebliche Maßnahmen zur Reduzierung des Wasserverbrauches in der Industrie in Deutschland; (Workshop, Wasser- und Abwasserprobleme in der Leichtindustrie, Weichgrebe@isah.uni-hannover.de.workshop: Wasser rund Abwasserprobleme in der Leichtindustrie

Wikipedia.org (2013a): Wasserentnahmegelt, www.wikipedia.org/wiki/Wasserentnahmengelt

Wikipedia.org (2013b): Wärmeübertrager, wikipedia.org

Wirtschafts Woche: Kampf um jeden Tropfen (2011); Seite 90–94; Verlag Handelsblatt; Ausgabe 36/2011

Wirtschaftsministerium Baden-Württemberg: (2011): Der Reiz der Regenwasserbewirtschaftung; Betrieblicher Umweltschutz in Baden-Württemberg, Theodor-Heuss-Straße 4 in 70174 Stuttgart, www.umweltschutz-bw.de

Sachverzeichnis

R. Stiefel, *Abwasserrecycling und Regenwassernutzung*,
DOI 10.1007/978-3-658-01040-9, © Springer Fachmedien Wiesbaden 2014